习惯
养成技巧

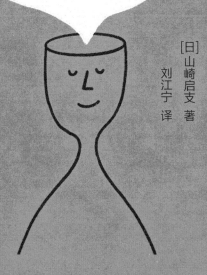

[日]山崎启支 著

刘江宁 译

中国科学技术出版社
·北 京·

Original Japanese title: SHUKANKA NO SIMPLE NA KOTSU
Copyright © Hiroshi Yamasaki 2020
Original Japanese edition published by JMA Management Center Inc.
Simplified Chinese translation rights arranged with JMA Management Center Inc.
through The English Agency (Japan) Ltd. and Shanghai To-Asia Culture Co., Ltd.

北京市版权局著作权合同登记 图字：01-2022-0382

图书在版编目（CIP）数据

习惯养成技巧 /（日）山崎启支著；刘江宁译 . —
北京：中国科学技术出版社，2022.8
ISBN 978-7-5046-9682-3

Ⅰ. ①习… Ⅱ . ①山… ②刘… Ⅲ . ①习惯性—能力
培养—通俗读物 Ⅳ . ① B842.6-49

中国版本图书馆 CIP 数据核字（2022）第 118694 号

策划编辑	杜凡如　龙凤鸣	责任编辑	龙凤鸣
封面设计	马筱琨	版式设计	锋尚设计
责任校对	邓雪梅	责任印制	李晓霖

出　　版	中国科学技术出版社
发　　行	中国科学技术出版社有限公司发行部
地　　址	北京市海淀区中关村南大街 16 号
邮　　编	100081
发行电话	010-62173865
传　　真	010-62173081
网　　址	http://www.cspbooks.com.cn

开　　本	880mm×1230mm　1/32
字　　数	128 千字
印　　张	7
版　　次	2022 年 8 月第 1 版
印　　次	2022 年 8 月第 1 次印刷
印　　刷	北京盛通印刷股份有限公司
书　　号	ISBN 978-7-5046-9682-3/B・101
定　　价	59.00 元

所谓"改变"
指的是"习惯的改变"

正是因为过去的我不知道如何改变自己，所以今日的我才成为"改变自身"的专家

当我奋笔疾书时，已经跨过知天命的门槛。无论是高中时代，还是眼下的生活，我都一直带着"想要改变"的想法度日。当然，高中时代的我"想要改变"的事情与现在的我"想要改变"的事情相比，自然是不同的。但是，"想要改变"的心情却是始终如一的。

在高中时代，我最大的愿望是"想要变得幸福"。那个时候，我觉得深受女孩子的欢迎是最重要的事情。除此之外，我还时常怀揣着"要是能考上这所大学就酷毙了！"的想法，梦想着能进入心仪的大学。

但是，那个时候的我太过于缩手缩脚，和女孩子搭话的时

候会紧张不已。并且我学习能力并不强，因此，考上心仪的那所大学最终也只是一个"梦想"而已。

上了大学之后，我为自己描绘了一个很大的梦想——"想要成功"。但是我的学历并不高，性格又如温吞水般，总是一副呆呆的样子，全然看不出半点有才干的样子。我身边总有一些思维敏捷、头脑灵活的人，或者像相声演员那般擅长逗得大家哈哈大笑的人。每当看到他们的时候，我都会产生深深的自卑感。

因为我不是一个引人注目的人，所以找工作时处处碰壁。我不但没能进入一直憧憬的公司，而且即使想方设法地进入了一家公司，也因为表现平庸而每天面临着被斥责的情况。

虽然我很清楚想要成功就必须付诸行动，但是由于过于恐惧和畏缩，始终迈不出第一步……虽然我想结交很多朋友，但是由于过分胆怯的性格，始终无法与他人变得亲密……凡此种种，不胜枚举。

原来的我就是如此的不堪。不对，正是因为过去的我处于这种状态，所以"想要改变"的意志才会远远地超过他人。

为了克服自身存在的种种问题，我努力学习各种各样的知识，在经过长时间的不断摸索之后，终于实现了自己想要改变的目标。时至今日，我终于成了自我改变领域的专家，能够对

"想要改变自己"的人进行指导。

在这本书中，我想介绍的主要内容由两部分构成：一是讲述一直苦于"不能改变"的我是如何努力学习和亲身实践的；二是给众多"想要改变自己"的人提供建议。在这本书中，我想尽可能地为苦于"想要改变却无法改变"的人介绍通俗易懂、简单便捷的诀窍。

改变自身即为改变习惯

首先，我要问大家一个问题："在什么情况下，我们会产生'想要改变'的念头呢？"

如果让我回答这个问题，我会像前文提到的那样回答："当我梦到那所会让我产生'能考上这所大学简直酷毙了！'想法的大学时，我会想要改变自己。"当时的我特别渴望能够考入像早稻田大学或者庆应义塾大学这类外界评价很高的学校。

但是这种评价很高的大学所要求的"偏差值"[1]很高，所以学生们不得不拼尽全力去学习。但是当时的我不仅不擅长学习，而且学习的时候也心不在焉。

---

[1] 偏差值是日本对于学生智能、学力的一项计算公式值。其计算公式是［（个人成绩－平均成绩）÷标准差］×10＋50＝偏差值。由于日本是春季招生，所以在每年的冬季进行全国高中毕业生统一考试，各大学在录取学生时，常常是以这次考试的标准偏差为标准衡量学生的学习能力，并且作为录取的重要标准，但实际上常常是唯一标准。——编者注

另外，我还曾梦想着自己步入社会后，能够成为一名培训老师（即我现在的职业），在众多听众面前随心所欲地表达自己的观点。但是那时候的我对"公开场合讲话"这件事情充满了恐惧。

坦率地说，当时的我确实想要变得"引人注目"，但转念一想，又觉得"一旦引人注目的话，一定被大家嫌弃"。后来我意外地发现和我的想法相同的人很多。

想必大家和我一样，明明非常清楚"自己想要做的事情"，但却"做不到"。每当这个时候，难道你不想改变如此窝囊的自己吗？

另外，在你身上，是不是也存在着"明明想要戒掉，但是却戒不掉"的事情呢？

比如，我曾经因为压力过大而暴饮暴食，最后导致自己的体重与学生时代相比整整增加了23千克！当我如此肥胖的时候，我终于意识到"自己过于肥胖"的事实，于是暗暗下定决心"不能再这么吃下去了"！尽管如此，最终的结果还是过度饮食。

在那之后，我使用了一种即将在本书中介绍的方法，在4个半月的时间内，成功地减掉24千克（从75千克减到了51千克）！

在很多情况下，我们都会产生"想要改变"的念头，但是当我们认真观察总结最终结果的时候，会发现如同我刚刚讲述的那般，无外乎是以下这两种情况：

明明想要做（什么），但是却做不到；

明明想要戒掉（什么），但是却戒不掉。

我们稍微思考一下下面两个问题。

如果"无论如何都做不到的事情"变得"能够做到"了，那么会怎么样？

如果"无论如何都戒不掉的事情"变得"能够戒掉"了，那么会怎么样？

想明白了这两个问题，你的人生一定能够从狭窄的牢笼中解放出来，变得更加丰富多彩吧？

那么，为了实现这一目标，我们应该怎么做呢？答案就是本书的主旨——"养成好习惯"。在本书中，我会为大家提供各种各样具体可行的方法。这些方法不仅可以帮助你改掉那些令你堕落的"不良习惯"，而且还能帮助你养成"良好习惯"，从而达到"理想的状态"。

改变人生的两大习惯——"行为习惯"和"思维习惯"

当我们提到"养成习惯"时，脑海中会浮现什么样的画面呢？

"每天早上早早起床后开始学习""要做到每周去三次健身房"……想必很多人的脑海中会浮现想要养成诸如此类"良好习惯"的想法。也有很多人会出现改正某些"不良习惯"的念头，比如"戒掉吃巧克力的习惯"。

上面所提及的这些事情都可以被称为"行为习惯"。在本书中，我会为大家介绍可以用来改善这些"行为习惯"的思维方法和具体办法。

但是，本书的内容绝不只是如此。我还努力研究了使人做出某种行为的部分"习惯"，并期待大家能够对这些"习惯"做出改变。

这些所谓的"习惯"，其实就是脑海中的习惯，也被称作"思维习惯"。

虽然这部分内容会在后面的章节中进行详细论述，但是我们必须要承认的是，我们脑海中思考的很多事情已经转换为我们的某种习惯。比如，悲观的人会在自己的思维中构建一种"倾向于思考悲伤的事情"的模式。而这种模式就像每天早晨刷牙那般平常、自然而然地运作。

"行为习惯"和"思维习惯"示例如图1所示。

肉眼可见的行为其实是脑海中肉眼不可见的想法显现出来的结果。因此，与改变"行为习惯"相比，改变"思维习惯"更能使人发生变化。

行为习惯

示例：早起

思维习惯

示例：悲观地考虑事情

图1 "行为习惯"和"思维习惯"

　　在本书中，关于"行为习惯"自然会进行论述。除此之外，我还将着力于阐明隐藏在这背后的"思维习惯"，以及能够改变这种"思维习惯"的技巧。

　　总而言之，本书就是向大家传授养成习惯的技巧。而养成这些习惯恰恰能够改变我们的人生。这些技巧对于我们而言是如此重要，因而我渴望这本书能够陪伴在更多人的左右。为此，我竭尽全力地把这本书打造成为各行各业的人提供平等的学习机会的"行动指南"。我相信，无论是那些想在学校的社团活动或者高考中展现实力的高中生，还是那些在工作中遇到各种各样困难的商务人士，抑或是学校里的老师或者正处于抚养孩子期间的父母，都可以从这本书中学到相应的知识。

为此，本书所列举的示例大部分取材于我在高中时代和大学时代的亲身经历。另外，在论述过程中，我没有使用与大脑相关的生理学或心理学等领域的专业术语，而是使用一些通俗易懂的例子，目的就是让学生或者那些不擅长读书的人能够产生更为深刻的印象。当遇到一些文字难以让大家理解时，我特意设计了插图和表格，以帮助大家理解相关内容。

虽然通俗易懂，但本书绝不是一本浅薄无用的"废品"。虽然也有一些稍微生涩难懂的内容，但本书扎扎实实地将那些基本的、本质上的要素包含在内，而这些要素对于"改变"而言，是绝对不可或缺的内容。

在编写过程中，我全力以赴地让本书能够成为真正意义上对大家有益的"伙伴"。同时我也希望大家能够将其随身携带，置于手边，在遇到困难的时候，能够从中汲取力量。最后，衷心地期待大家能够灵活地使用这本书，从而使自己的人生变得更加灿烂美好。

所谓"改变习惯"
究竟指的是什么

所谓"改变习惯"指的是"改写大脑程序"

如果我们再次讨论"习惯"这一话题，会发现很多习惯是在不知不觉间养成的。比如，前文提到的"悲观地考虑事情"这一习惯也是在不知不觉间养成，并伴随主体左右的。

类似于此，很多习惯是不知不觉间，在我们没有意识到的情况下养成的。从这个层面来看，我们可以将其形容为无意识的。

与此不同，改掉"不良习惯"和养成"良好习惯"都是有意识地改造自己的行为。想要改变自己，就必须变得有意识，这是至关重要的。关于这一点，大家在阅读后面内容的过程中就会逐渐明白。

那么，有意识地改造自己究竟指的是什么呢？究其本质，它指的是有意识地改写大脑程序。人类的大脑和计算机十分相似，关于这一点我会在后面内容中详细论述。

对于某种特定的事物，都会有喜欢它和讨厌它的人。比如，生活中既有喜欢运动的人，也有讨厌运动的人。喜欢运动和讨厌运动的大脑程序如图1所示。这种差异的出现就像是在大脑中设置了不同的程序。

当讨厌某种事物的人"改写"大脑中相关的程序后，就能变得对这种事物感兴趣了。这种情况在生活中是存在的，即使不能变得感兴趣，但至少可以变得不讨厌。

对于"改变习惯"而言，这种可以用来"改写"大脑程序

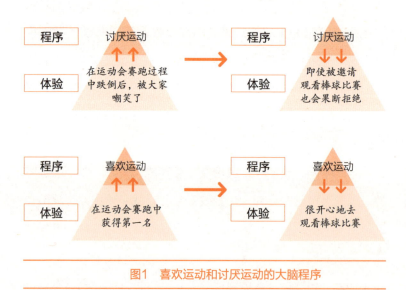

图1　喜欢运动和讨厌运动的大脑程序

的技术是非常行之有效的。

"无法改变自身"的人无论怎么努力都不会发生改变

实际上，我们要达到改变习惯、改造自身的目的，除了要"改写"大脑程序之外，还有一件非常重要的事情，那就是我们必须弄明白是哪个自己能够做到改变自己。

每个人的身上都存在着两个自己，关于这一点我会在后文中详细介绍。比如，一个自己一直想着要养成每周去健身房的习惯，同时另一个自己有着"真麻烦啊"这样的想法（图2）。如果一个人只有想要去健身房的唯一想法，那么他早就

图2　两个自己

养成该习惯了，也不会出现要养成每周都去健身房的习惯这样的念头吧？换言之，如果出现想要养成某种习惯的想法，那么一定隐藏着并不想做这件事的想法。

在这里，我想告诉大家一件重要的事情——你身上存在着各种各样的你。而这些你的大部分都是"无法改造自身的你"。尽管很多人都渴望改造自身，但最终的结果往往没有发生任何变化。究其原因，是因为正在努力改变的是无法改造自身的你。

这个世界上有各种各样的改造自身的技巧，甚至有人吹嘘存在可以"使人焕然一新"的方法。但是无论依靠多么高端的技术，只要现在发挥作用的是"无法改造自身的你"，那么最终的结果一定是"竹篮打水一场空"。

在阅读本书的时候，我希望大家首先要掌握能够改造自身的你和无法改造自身的你之间的差异。在此之前，你一直想要改变自己却屡屡失败，那么原因极有可能在于此。

如果用一句话来概括，那么所谓的改变自己指的是"能够改造自身的你"来"改写大脑程序"。了解了改变自己的含义，可以促使我们养成新的习惯。其实，本书介绍了"养成习惯"的技巧，其目的就是达到上述效果。

"大脑程序"指的是什么——NLP中的基本常识

关于"改写大脑程序的方法"的知识，我会在后文中展开细说。但在此之前，首先要弄明白什么是"大脑程序"。

我目前所研究和讲授的心理学方法在业界被称为神经语言程序学（NLP，Neuro-Linguistic Programming）。

这本书并不是单纯研究NLP相关课题的专业书。但是，就"改写大脑程序"而言，近20年来，在研讨会和咨询服务式销售等多个场合中会经常运用NLP的经典方法。

首先，NLP中的"N"指"Neuro"，是"神经"的意思。这里的"神经"指存在于人体中的"神经系统"。但通俗易懂地来讲，它指的是"五感"，而"五感"是构成"体验"的重要因素。

例如，当我们吃汉堡的时候，会通过"五感"产生如下体验：汉堡的味道（味觉）和气味（嗅觉）、汉堡入口时的温度（触觉）、汉堡烤得松脆的声音（听觉）、看见汉堡那美味可口的样子（视觉）。换言之，"吃汉堡"的体验是通过"五感"得以实现的。在这里，为了方便大家记忆，可以简单地将其记作"五感=体验"。

另外，NLP中的"L"指"Linguistic"，是"语言、文字"；"P"指"Programming"，是"程序"。这里所说的"程序"和电脑程序大体上含义相同。

即使体验相同的经历，不同的"程序"也会引起不同的反应

在NLP中，普遍认为"体验"（五感=体验）和"语言"共同组成了"程序"。

比如，我们小时候如果曾经被狗咬过，那么长大后很有可能会产生"恐犬症"。这里所说的"被狗咬过"就是上面所说的"体验"。因而，在之后的时间内，每次看到狗，都会产生"恐怖"的感觉。换言之，"看到狗→感觉害怕"这样的一个"大脑程序"就开始运转了。计算机的程序也具备这样的特征，即输入某条信息后会输出固定的、与之相对应的结果。比如，当我们在电脑上点击"邮件"软件时，该程序必然会启动。

在我们人类身上，这样的"程序"多到不可胜数。但不同的是，我们人类的"信号输入"并非依靠"点击软件"，而是依靠某种"刺激"；"信号输出"也并不像计算机那样启动某个软件，而是以某种"反应"体现出来。

从"恐惧症"这样的心理感受到"价值观"这样的人生观念——在我们的"大脑程序"中存在着各种各样的此类事物。实际上，我们身上存在着无数个"程序"，身体会根据"程序"的指令做出一系列反应。或许你会对此半信半疑，但这却是不容置疑的事实。

想必你每天都会产生这样的感受——价值观不同的人，

对同一件事物的反应就会不同。比如，当对方姗姗来迟的时候，十分重视时间的人和不重视时间的人的反应是不同的。我们据此构建了"刺激→反应""程序"，如图3所示。

现在我们套用刚刚在前文中提到的"刺激→反应"这一"程序"对上述示例进行分析。"十分重视时间的人"（时间观念很强）在"看到对方姗姗来迟的时候"（刺激），一定会"火冒三丈"（反应）。但如果换作一个"不重视时间的人"（时间观念不强），那么即使是受到相同的"刺激"，其反应也会大相径庭。比如在"看到对方姗姗来迟的时候（刺激）"，可能

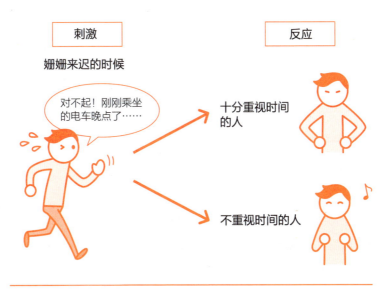

图3 "刺激→反应""程序"

会产生"能见到他,终于放心了"的想法(反应)。

我们的周围之所以一直存在这样的差异化表现,是因为每个人大脑中"配置"的"程序"不尽相同。

如何建造"大脑程序"

计算机程序由程序员通过键盘输入相关代码编写而成。而人类大脑的"程序"在"编写"时,"体验"和"语言"发挥了和"键盘"一样的作用。

在这里,我将计算机和人类大脑"程序编写"的不同之处稍作介绍。

计算机的"程序编写"是一种有意识的行为。与此不同,人类大脑的"程序"是在无意识的过程中被"编写"出来的。

在编写计算机程序的过程中,程序员有意识地进行设计。那么,人类是如何"编写"自己的"大脑程序"的呢?

当被狗咬了之后,人类是有意识地产生"我要患上恐犬症"这样的想法吗?只要我们认真思考一下,就会明白这种事情是不可能存在的。人在被狗咬的那一瞬间,就会自然而然地(无意识地)出现"恐犬症"。绝对不会有人想着"我要患上恐犬症",也绝对不会有人主动地、有意识地出现"恐犬症"。

所谓"改变习惯"究竟指的是什么

很多习惯都是在不知不觉间养成。换言之，我们无意识地养成了这些习惯。"习惯"会使我们不经过任何思考就惯性地（无意识地）直接付诸行动，因而我们可以将其称为"最具代表性的大脑程序"。

另外，我在前文也提到，"改掉不良习惯"和"养成良好习惯"都属于"有意识地改造自身"的行为。现在我们用刚刚提及的理论对其进行再解释，则可以将其表述为"有意识地改变那些在无意识的过程中形成的大脑程序"。换句话说，"改掉不良习惯就是'改写'大脑程序。""改写大脑程序"的含义如图4所示。

比如，多年以来始终无法达到减肥的效果，那么极有可能是因为某种不良习惯在作怪。这种不良习惯就存在于大脑中、时时刻刻阻碍我们减肥的某个"程序"。换句话说，我们受到过去的某种体验（即属于NLP的"N"）或者幼年时父母对自己说的某些话（即属于NLP的"L"）的影响，无意识地"编写"出某个程序，进而按照这个程序开始展开行动。如此一来，我们就无法成功减肥。这就是我们很难改变"习惯"的原因。

比如，在经常迟到的人当中，不乏这样的人存在。他们明明知道"错过约定好的时间是一件非常丢人的事"，但就是不

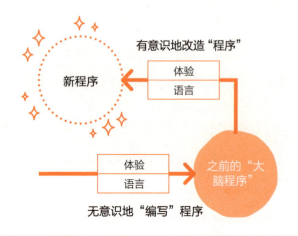

有意识地改造"程序"

新程序 ← 体验 / 语言

无意识地"编写"程序

体验 / 语言 → 之前的"大脑程序"

图4 "改写大脑程序"的含义

能早早地起床。当你去问当事人为什么会这样的时候，他们会回答："不知怎么地就变成这样了。"无意识中形成的某个程序会自动地（无意识地）驱使你做出某种行为。对于这些人而言，这也是一个无法改变的"不良习惯"。

读到此处，可能有人会觉得我们人类如同机器人一般进行着机械性的动作，实际上在大部分的场合的确如此。因为很多时候我们并没有要做什么事情的想法，却会习惯性地进行思考或展开行动。

为此，如果我们想要改掉"不良习惯"或者养成"良好习惯"，那么必须有意识地去"改写"那些在无意识过程中形成的"大脑程序"。

有意识地"改写"现有"大脑程序"和无意识地形成"大脑程序"的方法是一样的，都会运用"体验"和"语言"。但不同的是，"大脑程序"的"改写"需要在有意识地使用"体验"和"语言"的情况下进行。

当你读到此处时，大体上可以明白这一事实——我们人类遵从那些在无意识的过程中形成的"大脑程序"，并机械性地经营着自己的生活。

但是我们不仅具备"机器人"一般的特点，而且还具备"人类"的特征。机器人无法依靠自己的力量来"改造自身"，需要人类的力量来完成改造。但是，在你的身上存在着两个你——具有机器人特点的你和具有人类特点的你。大家还记得我在前文中提到的"能够改造自身的你"和"无法改造自身的你"这一论述吗？其实，按照程序展开行动的具有机器人特点的你就是"无法改造自身的你"，而具有人类特点的你也就是"能够改造自身的你"了。

本书的章节内容设置如下：第1章帮助你理解什么是"能够改造自身的你"；第2章引导你意识到存在于自己身上的"能够改造自身的你"；第3章教会"能够改造自身的你"如何做出决定；第4章讲解如何对"大脑程序"进行"改写"；第5章教会你如何使用第1到第4章中的所有方法米养成新的习惯。

我坚信你在读完这本书之后，一定可以真切地感受到自身的变化。通过亲自践行这些简单的方法，让自己无可替代的人生变得更加丰富多彩！

2020年5月

山崎启支

目　录

第 **3** 章　与"无意识"融洽相处

第 **4** 章　"改写"大脑程序

第 **5** 章 **"改变习惯"**

第 **1** 章

『可以养成习惯的自己』
和『无法养成习惯的自己』

开始改变习惯的第一步

我们的生活比想象中更顺从习惯的力量

我在"前言"中已经讲过，只要提到"习惯"一词，大多数情况下大家的脑海中会浮现"每周去三次健身房"等类似想法。但在实际生活中，悲观地思考事情及基于某种价值观做出反应等不仅仅是条件反射的行为，同时也是"习惯"的体现。美国杜克大学的一项研究表明，"我们的'习惯性行为'竟然占所有行为的45%。"这确实是一个令人信服的研究结果。

此外，如果我们通过"大脑程序"对大脑进行模式化处理，那么意味着不仅仅是身体的行动，甚至连思维方式和情绪感触等内在因素都成了某种"习惯性行为"。

如此一来，我们发现，原来自己远比想象中更顺从习惯的力量。

这个被我们称为"习惯"的事物其实是"大脑程序"的一部分。换言之，我们可以将"大脑程序"作为更广义的"习惯"。如果我们从"大脑程序"这一视角出发，对"习惯"进行分析，那么能更好地理解"习惯"的本质和形成过程。

想要改变"习惯",就必须去探寻这些"习惯"的本质。

我在前文中已经讲过,诸如"每周去三次健身房"等肉眼可见的"习惯"都是通过肉眼不可见的"大脑程序"产生的。接下来,我将对"大脑程序"进行详细的解释。

习惯与我们的意识

所谓"有意识"和"无意识"指的是什么

在"前言"部分,我反复多次使用"有意识"和"无意识"这两个词。在这里,我对这两个词稍作补充说明。

所谓"有意识"指的是"你"或者"你注意到的内容","无意识"指的是"你没有注意到的内容"。其实,你的一些癖好中存在着你没有注意到的内容。比如,走路方式中就存在着很多自己未曾注意的地方。这样的走路方式其实就是自动化、程序化(习惯性)的结果。

像"自己的走路方式"这种"没有注意到的事情"其实就是"无意识"的体现。很多习惯都是"无意识"的结果,且大多数是在不经过任何思考的情况下便付诸实践的。关于这一点，我将在后文中进行详细论述。

一旦我们开始意识到那些没有注意到的习惯，这就意味着"有意识"的开始。

我曾经被别人批评说"吃东西的速度过快""张着嘴巴咀嚼食物"等。当被提醒之后，我就开始"意识"到这些问题。自从开始"意识"到这些问题，每当吃东西的时候，我开始特别注意这个方面。在无数次提醒自己并加以改正的过程中，我逐渐养成了"闭上嘴巴咀嚼东西"的习惯。

这就是意识到那些"被无意识化的大脑程序"，并加以改正的结果。

当然，没有注意到的事情是无法进行改变的。因此，改变习惯的第一步就是意识到那些过去没有注意到的事情。

所谓"无意识"其实是"意识"的"下属"

当读到此处的时候，一定会有很多人会认为"无意识"是一个不好的东西。但实际上，"无意识"是一个非常有用的"下属"。

比如，即使我们的胃并没有不间断地接收指令，也仍然可以自动地分泌胃液。假设我们身体的各个脏器不接收指令便停止工作，那将会怎么样呢？情况会变成这样：我们的身体对胃发出指令，使其分泌胃液；对肝发出指令，使其分解有毒物质……如果这一过程成为必然要求的话，那么我们的身体会终日忙碌于向各个脏器发出指令，再也无暇顾及其他了。

幸运的是，即使我们的身体没有"有意识"地发出指令，各个脏器仍然可以自动地"工作"。这是"无意识"的功能体现之一。

这样，我们可以明白这一事实——很多无意识条件下进行的行为对我们而言是有益的。

"意识"承担的两大重要任务

在这里，首先让我们明确一下"意识"的两大职责。

我们将"意识"比作"国王"，将"无意识"比作"下属"，如图1-1所示。

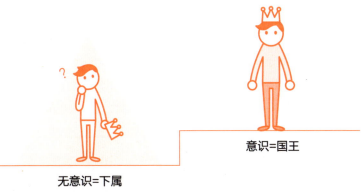

意识=国王

无意识=下属

被下属支配的国王
（已经忘记了谁才是国王）

图1-1 "大脑程序"示意

在很多自我启蒙的书中，都有着这样的内容："比起'有意识'而言，'无意识'具有压倒性的优势""实际上真正促使人类展开行动的是'无意识'"……

但是事实真的是这样的吗？

我们如果不是医生，便很难明白体内各个脏器的运作机制。我是到了最近才知道血液产生于何处。但即使我（"意识"）没有搞清楚这个问题，我的身体也可以在"无意识"的条件下生成血液。实际上，我们的身体存在着无数个这样的运作机制。如果认识到这一点，那么可以说真正"指挥"人类展开行动的是"无意识"。（图1-2）

另外，一些专家曾经说过："1个'意识'对应2万个'无意识'（1∶20000）。"如果我们将其作为参考的话，就可以

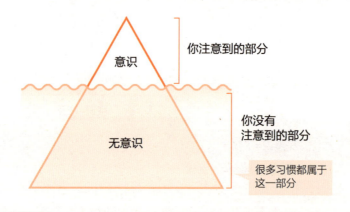

图1-2 "意识"和"无意识"

将"意识"比作"拥有2万名国民的国王"。

心、肝、肺等各个器官都是为"国王"（意识）服务的下属。如果我们把这些脏器当作担任要职的"大臣"，那么构成脏器的细胞就可以被认为是"平民百姓"。

对整个国家而言，作为"国王"，意识主要承担两大重要任务。

（1）决定"国家"向哪个方向发展

用我们日常生活中的语言来表述：决定"国家"向哪个方向发展就是决定人应该如何生活下去。这个任务督促我们树立自己的理想，并指导我们为实现这一理想而应该做出的选择。

（2）为实现理想而建立有效的组织架构

实际上，有效的组织架构就是"养成习惯"。

在努力实现理想的过程中，如果"国王"没有发出任何指示，而"下属们"自动采取积极行动，那么我们就可以如臂使指，毫不费力了。但在现实生活中，这样的情况并不存在。

如果在你的身上存在着类似于重度"酒精依赖症"等不良习惯的话，那么即使"意识"想要达到某种理想的状态，也会关山迢递、寸步难行。究其原因，是你的"下属们"会采取各种各样的行为来阻止"国王"实现自己的理想。

因此，"改正不良习惯"和"养成良好习惯"都是"意识"的重要工作。

一旦形成良好的习惯，你就可以专心致志地做重要的事情

在前文中，我们讲到"意识"的任务就是培养"无意识"，养成良好的习惯。而这一任务对于现代社会中企业的领导而言是一样的。

如果你作为某一组织的领导者，想要专心致志地去做那些于你而言非常重要的事情，那么就需要把那些非重要任务的处理方法教给下属，并将此工作交给他来完成。这样一来，你就可以埋头处理那些更重要的工作了。

这与我们学习并掌握驾驶技术的过程非常相似。开始的时候，我们按照在驾校学习的内容一板一眼地开车。但驾驶的过程中，我们的身体（无意识）会自然而然地记住如何开车。之后，即使我们一边思考着重要的工作，也可以在一定程度上自然而然地开着车。如果我们考虑驾驶的所有步骤，就会发现原本只能由"国王"完成的工作往往会草草了事。因此，在很多事情上，为了能够顺利地完成任务，最好选择依赖"无意识"的自主行为。

就像这样，"意识"专心致志地处理着"国王"的工作；而"无意识"则负责其他的工作。有意识地养成良好的习惯，并将后面的任务交给无意识——这是非常高效的生存之道。

"有意识""无意识"与"养成习惯"之间的组织架构

"意识""无意识"与"大脑程序"之间的关系

在前文中，我已经讲过"大脑程序是无意识地组建起来的"，并且还举了一个例子——当被狗咬伤后，被咬的人会自然而然地（无意识）产生"恐犬症"。换句话说，**"大脑程序"也是由作为"国王"的"意识"所领导的"下属们（无意识）"自动创造出来的。**

接下来，我们一起来看看这种由"下属们（无意识）"所创造的"大脑程序"究竟具备什么样的特征。

特征① "大脑程序"由"强烈影响（强度）"和"反复（次数）"组成

在前文中，我提到过"大脑程序是由体验构成的"。"强烈影响（强度）"指的是强烈的体验感。某件事情哪怕只发生过一次，只要给我们带来了强烈的体验感，那么就会在大脑中创造相对应的"大脑程序"。比如，很多恐惧症的形成都验证了该说法。上面提到的"恐犬症"也是仅在被狗咬伤一次之后就出现的症状。

"**反复（次数）**"指的是反复体验和反复被提醒的事情。在儿童时期，我们会经常被家长要求："一定要遵守时间!"久而久之，我们就形成了严格遵守时间的价值观念。价值观念也是"大脑程序"的一种。在我们的习惯中，很大部分都是由于"反复"而形成的。

特征② "大脑程序"是作为一种"安全装置"被创造出来的

那么，为什么"下属们（无意识）"要创造"大脑程序"呢？

"下属们（无意识）"创造"大脑程序"的目的是能够让"国王"更加安全且有效率地生活。

比如，一名3岁的孩子被狗咬伤，这是一件非常不好且充满危险的体验。此时，"下属们（无意识）"就会产生"如果能够提前意识到'狗是危险的'这一事实，那么就能更加安全地生活了（就不会被狗咬了）"这样的想法。之后，为了保护"国王"，当再次看到狗的时候，身体会自然而然地启动相应的"大脑程序"，产生"恐惧"的念头。换言之，"大脑程序"具备"**安全装置**"的特征和作用。

特征③ "大脑程序"是一种公式化的体现

当人被狗咬伤之后，"下属们（无意识）"并非只有当看到咬伤自己的那条狗时才会产生"恐惧"的感觉，而是"看到任何一条狗都会产生恐惧感"。这就是一种公式化的体现。在这种情况下，我们能够得出"狗=危险"这样一个公式。

通过这种公式化的操作，人们会将"被狗咬伤"这一经验应用到其他类似的经历中。为了将某种经历灵活地应用到未来的生活中，不得不进行某种"学习"。而这种"学习"的结果就是形成某个"大脑程序"。

当人们在大脑中形成"狗=危险"这一公式后，若再次碰到狗，大脑并不会认真分析这条狗是否真的会伤害自己。换言之，在大脑看来，花费时间来分析"这条狗真的危险吗"这一问题，无异于浪费精力和生命。而不经过思考，大脑瞬间做出判断才是高效的体现。

"大脑程序"的"安全装置"和公式化特征示例如图1-3所示。

图1-3　"大脑程序"的"安全装置"和公式化特征示例

"良好习惯"和"不良习惯"

小时候，我曾经出于好奇用餐刀将手指割破。因为疼痛难忍，所以之后我再也没有做过这样的事情。在后来的生活中，每当看到刀具类物品时，即使我没有有意识地考虑它的危险性，也仍会无意识地提高警惕。这是因为有着儿时被刀割伤的疼痛记忆，我的"下属们（无意识）"创造出了相应的"大脑程序（刀具很危险）"。即使到了现在，每当看到刀具类物品时，哪怕不是餐刀（比如锯），我也会不由自主地打起十二分的精神。这说明刀具很危险这个"大脑程序"已经在我的大脑中公式化了，即刀具=危险。

与其说这是我有意识地进行学习的结果，不如说这是我的"下属们（无意识）"自发地进行学习的结果。这种结果表现为——我并非有意识地躲开刀具一类的东西，而是每当看到刀具等就会无意识地提高警惕。用通俗易懂的话来讲，就是"良好习惯"。

在日常生活中，我们经常发现有人在吃完牡蛎之后出现食物中毒的症状，之后他再也不会吃牡蛎了。其实，这些人并不是"有意识地"厌恶牡蛎，而是自动地（无意识地）避开食用牡蛎。

通过这些示例，我们可以清楚地了解到"无意识"作为优秀的"下属"，创造出无数个"大脑程序"，其目的就是使你能够更安全地生活下去。

　　如果"下属们（无意识）"不能从某种经历中汲取经验教训，或者不能将其应用到其他方面的话，那么后果会怎样呢？后果显而易见：我们会不停地重复相同的失败。

　　由此可以发现，"下属们（无意识）"能够自动灵活地运用过去的经验（记忆），这对于我们而言是至关重要的。

　　就我个人经历而言，我"适度地"了解了"刀具是危险的"这一事实。之所以说"适度地"，是因为我虽然确实了解了"刀具是危险的"，但并没有因此而产生对刀具的恐惧，抑或是出现"刀具恐惧症"等症状。但是，和我有相同经历并出现"刀具恐惧症"的人却为数不少。一旦形成"刀具恐惧症"，即使使用剪刀，有"刀具恐惧症"的人也会紧张不安，甚至会出现"做饭时使用菜刀都会极度恐惧"的情况。这就是公式化所存在的不好的一面，过度的公式化会带来一些弊端。

　　由于"下属们（无意识）"进行了过度的公式化，最终将"国王"逼进了"死胡同"之中。换言之，由于"下属们（无意识）"过分强调安全性，最终导致我们不能顺利地展开某些行动。

　　当"下属们（无意识）"构建起过于强大的"安全装置"时，作为"国王"的"意识"就有必要对其采取"缓和措施"。对"下属们（无意识）"所构建的"安全装置"进行调整也是"国王"的重要职责之一。

　　用通俗易懂的话来讲，这一工作就是改正'不良习惯'"。

所谓"意识"究竟指的是什么

人们很少能够自主地生活下去

"意识"一词的解释不尽相同。有的人认为它指的是"身体"，有的人认为它指的是"感情"或"思维"。但实际上，这些都只是附属于"意识"的产物，并非"意识"本身。

所谓"意识"指的是"个体本身"，也就是"作为'国王'的你"，但如果用更为严谨的语言来描述，那就是"能够进行自主选择的你"。

之所以采用这种转弯抹角、啰里啰唆的表达方式，是因为我们并非自主地生活着。换言之，我们不断地在依赖并顺从于"无意识"的过程中度过生命中的每分每秒，而这种依赖并顺从的程度远远超过我们的想象，令人震惊。

这样一来，"无意识地"生活下去的你其实应该被称作"依赖并顺从于'无意识'的你"。按照之前的说明，我们可以深切体会到这一事实——正因为"无意识"是"下属"，所以所谓的"依赖并顺从于'无意识'的你"其实指的是"依赖并顺从于由'下属们（无意识）'所构建的'大脑程序'的你"。

这种情况下的"意识"处于一种类似于"睡眠"的状态。或许你对此半信半疑，但事实确实如此。

在前文中，我提到的"能够改造自身的你"其实指的是"能够进行自主选择的你"，而"无法改造自身的你"指的是"依赖并顺从于'无意识'的你"。

"大脑程序"通过思维、感情和身体来发挥作用

"大脑程序"是通过思维、感情和身体来运作的。比如，患上"恐犬症"的人会执着地认为"狗是危险的"（思考），因此每当看到狗的时候，都会产生强烈的恐惧感（感情），随之身体也变得紧张起来。换言之，当我们依赖并顺从于"大脑程序"的时候，我们的思维、感情和身体就会按照"大脑程序"发出的指令做出一系列的反应和举动。这些都与个人意志无关。

如果我们以"能够进行自主选择的你"这一状态生活，会发现作为"国王"的"意识"可以控制自己的思维、感情和身体。只是大多数人不知道这一事实罢了。

你之所以无法改正"不良习惯"（比如想要减肥，但是体重并未降低，甚至反而增长了），是因为你的"大脑程序"操控着思维、感情和身体。而作为"国王"的"意识"对"大脑程序"只有唯命是从、百依百顺。

"意识"指的并不是身体

我在前面已经讲过,"意识"指的并不是"身体""感情"和"思维"。

如图1-4所示,"意识"位于第一,其次分别是思维、感情和身体。在前文中,我把"意识"比作"国王",这其实源自印度一种古老的哲学。在这一哲学中,"意识"是"国王(主人)","思维"是"马夫(缰绳)","感情"是"马","身体"是"马车"。这就意味着意识的本质并非"身体""感情"和"思维"等任何一个具体的因素本身。

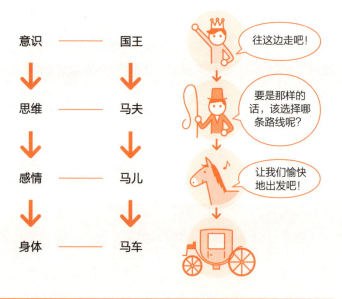

图1-4　意识·思维·感情·身体

首先，我们从**"身体并非'意识'"**这一点出发进行思考。

"身体"所做出的反应其实是身体在告诉我们"身体内部"与"身体外部（外部世界）"正在发生的事情。比如"肚子饿"和"炎热/寒冷的天气"等。当天气过于炎热时，大多数人会顺从身体做出的反应，做出"开空调"等一系列行为。

这样，**身体通过"愉快/难受"的反应，督促"意识"做出某些行为。**

"意识"可以对身体做出的反应进行选择

当感到屋里很闷热时，大多数的人可能会选择"开空调"。但是，如果有人知道身体快速降温并非好事这一常识的话，那么他可能会选择只打开窗户，继续忍受屋里的高温。当采取第二种行动时，这与身体本能反应是相违背的，即使当时的人迫切地想要"开空调"，但仍然在咬紧牙关忍受着酷热。

这样一来，我们就能明白人类并非只根据"愉快/难受"做出选择并展开行动。那么究竟是谁在与"愉快/难受"进行顽强抵抗呢？

答案就是"意识"。在这里，我想让大家提前明白这样一个事实——**所谓的"愉快/难受"只不过是一个信号（信息）而已，身体通过它来告诉我们身体的内部和外部世界发生了什么。**

即使在相同的情况下，我们也可以根据自己的欲望任由身体做出选择。比如，在炎热的屋子中，人们会产生"无论如何都要凉快一下（想要更舒适一些）"的欲望。**不考虑任何事情，即越是"无意识"，越会根据身体出现的反应顺从地做出行为选择。**这样一来，如果只是根据身体反应做出的行为选择而生活，那么我们会变得越来越"无意识"。这只是一种"条件反射式"的生活方式。比如，当我们把脚伸入装满热水的脚盆时，就会条件反射地把脚收回来。

我在前面已经讲过，我们是根据"大脑程序"的指示做出反应的，这实际上也算是一种"条件反射"。比如曾经因食用牡蛎而出现食物中毒的人再次看见牡蛎时，可能出现恶心的中毒症状，这可以称为"条件反射"。

"有意识的自己"和"无意识的自己"

所谓"能够进行自主选择的你"指的是什么

在这里，我将就前文中所提到的"能够进行自主选择的你"这一概念进行简单解释。

所谓"进行自主选择"指的是与条件反射相逆的选择。如果说"条件反射"是在"无意识"的情况下进行的，那么"自主选择"就是在"有意识"的情况下进行的。换言之，"进行自主选择"的含义是决定要顺从身体做出的反应还是逆向行事。这样一来，我们并非必须不假思索地顺从身体提出的"建议（做出的反应）"，而是能够清楚地想好下一步的举措。这种状态被称为"有意识"。

所谓"无意识"指的是依赖并顺从身体的反应做出行动选择。在本章节，我希望大家能够理解这一事实——因为我们人类的大部分时间都处于睡眠状态（无意识状态），所以只能按照大脑设定的"程序"生活。在这种情况下，想要改变习惯是十分困难的。因此，我将结合几个具体的事例来进行详细的解释。

当我们感到劳累时，更容易顺从"无意识"

在前面我已经提过，我们大部分的时间都是处于"无意识"的状态中。但实际上，"无意识的状态"可以分为"极度无意识的状态"和"稍微有一些意识的状态"。所谓"极度无意识的状态"指的是极其疲劳等情况。此时我们已经感到精疲力尽，根本无法思考任何事情，很多情况下只能顺从大脑设定的"程序"（无意识地）展开行动。

另外，哪怕没有处于疲劳的状态，但只要我们在发呆或者精神恍惚，也非常容易顺从大脑设定的"程序"（无意识地）采取行动。比如我们在恍惚状态下开车，可能会在周末的时候不知不觉地把车开往公司，并且很长时间没有注意到这一错误。

我们在早晨刚刚起床不久的时候，会感觉到精力充沛。此时的我们在某种程度上敢于与"不良习惯（不良'大脑程序'）"作斗争，并能够专心致志地处理之前不愿面对的问题。与"无意识"示例相比，此时的我们处于"有意识"的状态。如果我们把这种"有意识"的状态进行强化，就能变成"能够进行自主选择的你"。关于这一点，我希望大家能够认真思考并理解掌握。

"意识"也并非指的是"感情"

"意识"既不是"身体"，也并不是"感情"和"思维"。关于这一点，我已经在前文中有所论及。因为"身体反应"（感觉）和"感情"非常相似，所以让我们先思考它们之间的差异。

像"寒冷""炎热"等词并非用于表达"感情"，它们只是"身体反应"而已。另外，"紧张""放松"等也都只是"身体反应"，而不是"感情"的表现。

"感情"真正的表达方式为"开心的""悲伤的""疼爱""憎恨""欢欣雀跃的""忧郁的""喜欢""讨厌"等。这些词汇都是用来表达"心灵感受"（感情）的。

与此不同，"寒冷的""炎热的""疼痛的""痒痒的"这些词，与其说是"心灵感受"，不如说是"身体反应"。简而言之，可以说"感觉"和"愉快/难受"相关，而"感情"则与"喜欢/讨厌"相关。"感觉"与"感情"的身体表现如图1-5所示。

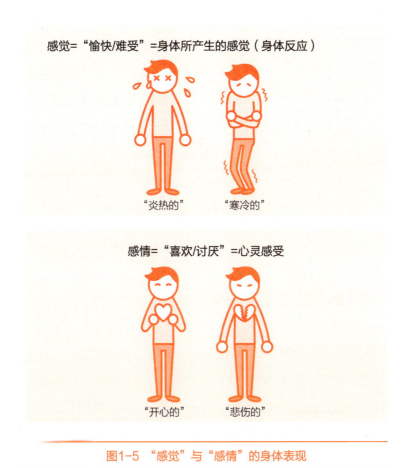

图1-5 "感觉"与"感情"的身体表现

"身体反应"是一种类似于不添加任何感情色彩的信息，它告诉我们外面的世界是什么样的。比如，"寒冷的""炎热的"原本就与"喜欢/讨厌"等无关。与此不同，"感情"更具有个性化倾向。

比如，如果到了一年之中，四季如夏的国家，无论是谁都能切身体会到什么叫"炎热"（感觉）。这是放之四海而皆准的定律。但是，这个世界上既有讨厌炎热的人，也有喜欢炎热的人（感情）。如此，我们通过"感觉"产生某种切身感受之后，才能对其进行感情的、个性化的判断。由此，我们可以清楚地看到"感觉"和"感情"是紧密联系在一起的。

那么，"喜欢/讨厌"就是"意识"吗？

总而言之，"意识"并不是"喜欢/讨厌"（感情）本身。

究其原因，是因为"意识"可以违背"喜欢/讨厌"等"感情"的指示，而继续生活下去。

那么，你有没有想过超越"喜欢/讨厌"的限制呢？

比如，当我们深刻认识到"虽然自己不喜欢学习，但是从理性的角度来考虑，应该变得爱学习才对"这一道理时，就会付出种种努力以达到"爱学习"的目的。在处理人际关系的问题上亦是如此。比如，在学生社团或者职场中，周围总会有讨厌的人存在。但是，为了能够让整个团队团结一心、众志成城、共创佳绩，人们往往会努力同自己讨厌的人搞好关系。

我们也可以选择这样一种生活方式——只做自己喜欢的事情，不去接触自己讨厌的一切事物。这样一来，我们就是忠诚地按照自己的"感情"生活下去。

但是在这里我要提醒大家的是，我们不应该否认"感情"的作用。因为我们之所以能够感受到生活的丰富多彩，是因为我们能够真切地产生这些形形色色、丰富的"感情"。当然，我们能够感受到痛苦也是源于此。

比如，当我们想要别人接纳自己的观点之时，会口若悬河、畅所欲言地阐述自己的想法。这就是我们顺从自己的"感情"所做出的行动。但是如果这种行为一旦招致大家的反感，就会给我们带来痛苦。

但是，如果你能理解"'感情'也并非意识"这一事实，那么"感情"会变成支持你、拥戴你的可靠"下属"，从而推动事情进一步发展下去。

"思考"也不是"意识"

所谓"思考"指的是"在脑海中考虑某事"或者"脑海中的想法"。

当然，会有很多人认为"进行思考=意识"。

但是，在实际生活中，我们往往会思考许多我们并不想思考的事情。

当我们沉浸在悲观情绪中时，总会闷闷不乐地反复思量自己的缺点和失败经历。但实际上，没有人愿意一直责备自己。相反，当只想着责怪自己的时候，我们是不是会产生"赶紧停止这种自我否定的念头"的想法呢？事实上，"想要停止自我否定的念头"这一想法并不是你有意识地构想出来的，而是"下属们（无意识）"督促"意识"进行这种思考的。

当处于比较优裕的生活环境中时，即使陷入悲观的情绪中，我们也能产生"赶紧停止这种念头"这样的想法，并有意识地将思考对象转向其他事物。

"意识"和"思考"的表现，如图1-6所示。

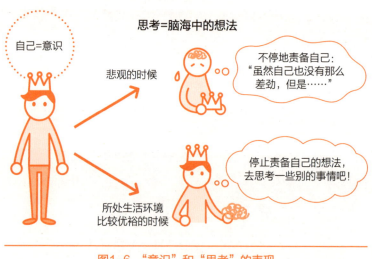

思考=脑海中的想法

自己=意识

悲观的时候

不停地责备自己："虽然自己也没有那么差劲，但是……"

所处生活环境比较优裕的时候

停止责备自己的想法，去思考一些别的事情吧！

图1-6 "意识"和"思考"的表现

这样，我们就能明白"思考"的内容原本只是"意识"选择的事物而已，而并非"意识"本身。

我在大学三年级的时候有过一次失恋的经历。在那之后的8年里，每当我想起失恋这件事，就会对离我而去的前女友产生强烈的憎恶之情。

当时，"强烈的憎恶之情"和"要让自己变得堂堂正正（思考）"这两大因素交织在一起，牢牢地控制着我。它们让我的身体时刻处于紧张的状态中。果然，"思维""感情"和"身体"是紧密联系在一起的。

但从另一方面讲，我也深深地意识到失恋的原因和自己有很大的关系。

我之所以无法忘却这段感情，是因为无法控制"思考"。当时的我认为那些自然而然涌出的想法和感情就是自己的真实感受。

这样，当"意识"和"思考"实现同一化的时候，我们就会觉得这种"思维"就是"自己的想法"。

实际上的"你"可以运用"思维""感情"和"身体"等要素

在前文中，我介绍了印度一种古老的哲学，该哲学把"身体"比作"马车"、"感情"比作"马儿"、"思维"比作"马夫"、

"意识"比作"国王"。

马车之所以存在，是因为它可以去往"国王"想要去的地方。马车由马夫来驾驶。国王向马夫下达命令，告诉马夫自己想要去的地方。马夫手握缰绳，驾驶马儿奔向国王想要去的地方。而马车则在马儿的牵引下前行。

由此可知，"思维""感情"和"身体"都是帮助"意识"通往目的地的工具。

但是，印度的古老哲学同时也告诉我们这一事实——对于很多人而言，往往是"感情"凌驾于"思维"和"意识"之上，只做那些从"感情"上来讲非常想做的事情。

结合本章内容，那就是"国王"睡着了（处于"无意识"的状态），"马夫（思维）"对"马儿（感情）"百依百顺，载着"国王（意识）"和"马夫（思维）"的"马车（身体）"驶向了"马儿（感情）"想要去的地方。"无意识"状态下"马车"行驶方式如图1-7所示。

在失恋这件事中，对前女友的憎恶之情使我产生"要让自己变得堂堂正正（思维）"的想法，而我的"意识"则顺从于这种"感情（愤怒）"和"思维（想要变得堂堂正正）"。

让我们来举一个更贴近生活的示例。当我们准备购买某件西装，且"想要购买"这种感情非常强烈的时候，我们只会在脑海中不停地寻找各种各样的理由来证明"购买此件西

Ⅰ. 国王想去的地方

（a）"国王"处于"有意识"的状态

Ⅱ. 因为国王睡着了，就去马儿想去的地方吧！

（b）"国王"处于"无意识"的状态

图1-7　"无意识"状态下"马车"的行驶方式

装是一个正确的选择"。此时的"感情"已然凌驾于"思考"之上。

　　我们如果仔细观察，会发现在很多情况下"马夫（思考）"都会对"马儿（感情）"唯命是从，而"国王（意识）"就被带去了"马儿"想要去的地方。此时的你就成了"依赖并顺从于'无意识'的你"或者说是"按照'大脑程序'所设定的模式生活下去的你"。

有"意识"和无"意识"的差异

　　把"意识"和"思考""感情""身体"视作为同一事物的人，很难改变自己的习惯。就此问题，我将以人和动物的不同之处作为例子进行讲解。

我们不能说狗和猫等动物完全没有意识，但可以说和人类比较，这些动物是处于一种意识非常模糊的状态。

狗和猫等动物拥有"感情"和"身体"，但是，除被人为地强力控制之外，它们是无法逆"感情"和"身体的欲望"而行事的。这就是有"意识"和无"意识"的区别。

换言之，人类能够有意识地改变"大脑程序"设定的模式（习惯），而动物们则只能"无意识"地生存下去。

人类和动物一样，都可以顺从"欲望"和"感情"而生存下去。但是，如果单纯只是这样的话，人类是很难改造自己的。

人类之所以能改变自我，是因为可以超越"喜欢/讨厌"的限制

如果想要在体育界和娱乐圈中大放异彩，运动员一味地顺风顺水是绝对不行的。足球运动员虽然想要参加比赛或者练习射门，但有可能讨厌肌肉锻炼和跑步等枯燥的基础训练。但是，如果想要一展才能的话，就必须脚踏实地地进行这些枯燥的训练。人类只有超越"喜欢/讨厌"的限制，切实地践行重要的事，才能真正地实现自我改造。

在前文中，我曾经提道："那些你想要养成的习惯恰恰是

你现在还无法养成的习惯。"减肥、去健身房、早起等，这些都不是你喜欢做的事情，但是为了养成习惯，我们必须在现阶段坚持做这些"讨厌的事情""不擅长的事情"，达到像每天刷牙那样平常的程度。为了达到这一目的，我们有必要尽可能地减少"大脑程序"的抵抗。"意识"可以为"思维"和"感情"指明方向，促使"自我改造"的实现，如图1-8所示。

图1-8 "意识"可以为"思维"和"感情"指明方向，促使"自我改造"的实现

在第2章中，我将带领大家一起训练如何避开"大脑程序"和"意识"的同一化。这种训练被称为"脱离同一化训练"，通过这种方法，我们可以缓和来自"大脑程序"的抵抗。

但是，能够从"大脑程序"中实现"脱离同一化"的，只有那些明白"'大脑程序'并非自己"这一道理的人。关于这一点，我在本章中已经反复强调。至此，想必大家都已经深刻领悟这一道理了。

如果大家还存在着不安的心理，建议大家在反复阅读第1章并加深理解之后，再进入到第2章的阅读学习之中。

或许大家会觉得这样一来无异于绕远路，但是这对于"养成习惯"而言，却是必须要理解的前提条件。因为我们人类只有超越"喜欢/讨厌"的限制，切实地践行重要的事才能真正实现自我改造。

重新找回『意识』的力量

在改变习惯之前必须要做的事情

习惯也是由"下属们（无意识）"创造出来的

为了能够让大家深刻理解在第1章所提及的"能够进行自主选择的你"，我将在本章中讲解一些技巧。

在前文中，我已经提到过，虽然很多时候我们想按照自己做出的决定来做事，但在实际生活中往往做出一些"模式化"的反应。"习惯"也是"模式化"反应的一部分。

"习惯"可以分为"'国王'创造出来的"和"'下属们（无意识）'自作主张地创造出来的"这两种。

我们经常看到亭亭玉立的女士与长辈或上级交谈的时候，背部曲线挺拔优美，双脚收拢，看上去十分优雅。这种姿势绝非一朝一夕可以掌握的。在最开始的阶段，她们可能常被父母批评和指正。在那之后，她们会有意识地反复进行这种姿势的练习，直至形成习惯。在这一过程中，不知何时就无须有意识地提醒自己保持该姿势，而是自然而然地呈现出这种美丽的姿态。这实际上是"国王"命令"下属们（无意识）"创作的习惯。另外，我还有"张大嘴巴咀嚼食物"的不良习惯。如今细想起来，可能是因为父亲有这样的习惯，而小时候的我在不知不觉间（无意识）模仿父亲，从而养成了这一习惯。实际上，这种习惯是"下属们（无意识）"自作主张创造出来的。

计算机是无法改变计算机本身的

在第1章中我曾经讲过，"依赖并顺从于'无意识'的'自己'"会受到"不良习惯"等一系列"大脑程序"的支配，所以想要改变习惯是十分困难的。

关于这一点，我将使用比喻的修辞手法进行简单的论述。

就电脑等计算机设备而言，一旦设定了程序，它就会自动地按照固定的模式运行下去。如果把这种情况套用在我们人类身上的话，那么指的就是"依赖并顺从于'无意识'的自己根据'大脑程序'的设定不断重复相同的行为模式"。因此，我们也可以理解——所谓的"依赖并顺从于'无意识'的自己"其实指的就是"无意识地养成习惯"。

当计算机需要改变模式的时候，必须由程序员改写相关程序。同样，"意识"也可以像程序员那样改写"大脑程序"。

但是，有一件理所当然的事情需要我们提前了解——计算机是无法改变计算机本身的。同理，"大脑程序"也是无法改变"大脑程序"本身的。

另外，"与'大脑程序'实现同一化的意识"会错误地把"自身"当作"大脑程序"。这种错觉也可以表述为——"与'大脑程序'实现同一化的意识"="大脑程序"。

因此，我们不能把"与'大脑程序'实现同一化的意识"替换为处于同一阶段的"大脑程序"（图2-1）。

图2-1　与大脑程序实现同一化的意识

为了改变习惯而必须要做的事情

这意味着如果我们要改写"大脑程序"（即改变习惯），就必须处于"大脑程序"之上的水平（图2-2）。如果能做到这样，那么"意识"就可以从"大脑程序"的桎梏中解放出来，实现自由。换言之，"意识"就达到了"可以改变习惯"

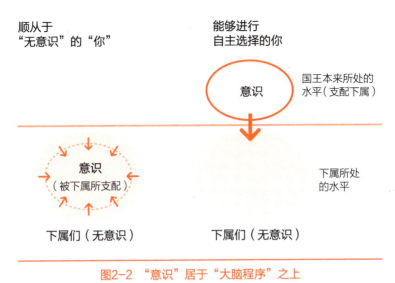

顺从于
"无意识"的"你"

能够进行
自主选择的你

意识

国王本来所处的
水平（支配下属）

意识
（被下属所支配）

下属所处
的水平

下属们（无意识）

下属们（无意识）

图2-2　"意识"居于"大脑程序"之上

的状态。

　　所谓"从'大脑程序'中获得自由的状态"指的是这样的
一种状态——意识虽然与"大脑程序"共存，却可以客观地对
其进行观察。这就跟我们与心脏共存，却可以客观地观察心脏
是一样的道理。处于这种状态之下的你，即使情绪十分激动地
展开行动，但只要你具有对其进行客观观察的意识，就能在
"感受到情绪波动"的同时，也能"对感情进行观察"。

"意识"居于"大脑程序"之上的水平

　　在这里，我希望大家能够提前理解这一事实。那就是"大脑程序"和"意识"本来就处于不同的阶段和水平。具体说来，"意识"居于更高的水平。所以在本书中，才会把"意识"比作"国王"，"大脑程序"和"无意识"比作"下属"。

之所以"意识"会被"不良习惯"支配，是因为在你不知不觉间（无意识地）降低到"大脑程序"这一较低水平，并深陷于此且难以自拔。在本书中，像这种"意识"降低到"大脑程序"的水平并错误地把"自身"当作"大脑程序"的情况就被称为"同一化"。

当这种"同一化"情况出现的时候，我们会错误地把"意识"完全当作"大脑程序"本身。

所谓"改正习惯"其实就是"控制自己的大脑程序"。

当我们想要控制某些事物的时候，必须将"控制的对象"和"控制对象的主体"区分开来（图2-3）。比如，你可以控制自己的呼吸。之所以能够做到这件事，是因为你将"肺部及其活动（呼吸）"和"对其进行观察的你"区分开来。因而，"你"可以控制作为观察对象的"肺部及其活动（呼吸）"。

"意识状态"会表现在你所说的"语言"之中

长期患有慢性哮喘病的人，会经常说"我是哮喘（病人）"。为什么他们会采用这种表达方式呢？是因为这些人的大脑形成了这一公式——"我（意识）=哮喘"。这种情况下，

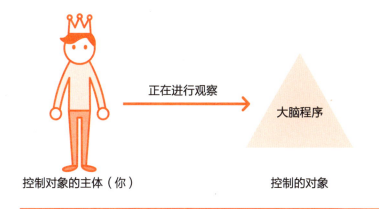

图2-3 "控制对象的主体"和"控制的对象"

他们似乎认为"哮喘"是一种与生俱来的疾病,从而把"哮喘"当作"自己(意识)"的一部分。

当然,我们在一定程度上可以理解那些默默地忍受着哮喘之苦的人为什么会这样想。但从实际情况来看,正是这些原因才导致他们很难产生想要控制"哮喘"这一病症的想法。

与此不同,如果哮喘病人采用"我有哮喘病的症状"这种表达,就很容易产生"控制哮喘症状"(治疗)的想法。究其原因,是他们可以把"意识"和作为观察对象的"哮喘的症状"区别开来。

同样,如果抱有"我不会打扫卫生(我=不会打扫卫生)"这一观念的人能够转换为"我不擅长于打扫卫生",那么便可以将"意识"和"观念"区分开来。仅仅这样,"观念"就变成了"控制的对象",从而使"控制行为"变得更为简单容易。

不仅仅是观念和价值观,就连"习惯"也是"大脑程序"的一种体现。因此,我们可以通过区分"我"和"习惯(大脑程序)"来使"改正习惯"变得更轻松简单。

什么是最重要的"习惯"

努力做好两大任务

我在前面已经讲过,想要保持"能够进行自主选择的意识"绝非易事。但是真正能切身感受到这一点的人并不是太多。在这里,为了能够让大家切身体会到维持"能够进行自主选择的意识"是何等的困难,我将为大家介绍两项简单的训练任务:一个是注视训练,另外一个是思考训练。

在这里,我想请大家尝试做一下这两项任务训练。

任务1

注视训练

步骤1　本任务对实验对象不做要求，所以我们可以选择任何一个事物作为集中精神观察的对象。另外，我们要告诉自己不能做除"观察"之外的任何事情，只能集中精力观察选定的观察对象。

★停止一切思考，聚精会神地注视选定的观察对象。

★观察对象可以是塑料瓶、花、外面的景色等事物。

步骤2　将步骤1中的观察动作持续进行3分钟。

任务2

思考训练

步骤1　本任务对实验对象不做要求，所以我们可以选择一件无聊的事物（不感兴趣的事情）作为思考的对象且只能对该事物进行思考。

★思考的内容可以为"订书机""电灯""冰箱"等无趣的，甚至是非常无聊的事物。

步骤2　针对步骤1中的思考动作持续进行5分钟的思考。在这一过程中，也可以对涌现在脑海中的种种烦琐的问题进行回答。

　　这两大任务是不是很简单呢？每一项任务只要花费几分钟都可以顺利地完成。但是很多人认为这两项任务都很困难。我曾经让许多听我讲课的人挑战这两项任务，他们中的大多数人都觉得这两项任务很难完成。当然，在这些人中，有一部分人可以完成其中的一项任务。但是能够顺利地把这两项任务都完成的人几乎不存在。

　　比如，"注视训练"要求大家聚精会神地盯着一个塑料瓶进行观察。在这一过程中，有人不由自主地关注外面传来的嘈杂声，也有人不停地质疑"我真的能够就这样一直集中注意力观察吗？"

　　由于单纯地观察塑料瓶是一件非常枯燥乏味的事情，有人很快会感到厌倦，或者偷偷地考虑晚上要吃什么。脑海之中不知从哪里冒出种种"意象和想法"，"意识"在不知不觉间就溜了号……就算是有意识地下决心集中注意力，坚持3分钟来观察塑料瓶，也仍然有很多人在这一过程中走神，去思考与注视训练无关的事情。

　　即使是认真完成思考训练任务的人，想要持续5分钟不间断地思考自己毫无兴趣的事物，也是很难做到的。比如，我们将5分钟的思考对象设定为"订书机"，然后，对与该事物相关的烦琐问题进行自答。例如，"这个订书机是哪里制造的？""这个订书机和我小时候用的那个有什么区别呢？""上一次给这个订书机更换订书钉是什么时候呢？"这些无关的 "思考"（念头）会在这一过程中肆意地涌现出来。当我们思考 "这个订书机是哪里制造的" 这一问题时，会自答道："原来是东南亚地区生产的啊！" 继而会出现 "可能是泰国或者马来西亚生产的吧！""如此说来，我曾经去泰国旅游啊！在那里吃的冬阴功汤真的好美味啊！" 等一系列和 "订书机" 毫无关系的事情。这种 "意识脱轨" 的现象绝不少见。

这两项任务会让 "能够进行自主选择的意识" 变得更强

为了让大家能够切身体会到 "有意识地进行观察和思考" 是何等困难，因而我请大家亲身实践了上述两项训练任务。但是，我还有另外一个目的：**希望大家能够每天至少进行一次关于这两项任务的训练**。通过这种训练，我们可以切实地让 "能够进行自主选择的意识" 变得更强。

只有那些意识到 "有意识地生活下去是非常困难的" 这一事实的人才能有意识地去付出努力。我们只需要每天进行这两项任务的训练，就可以切身发现自己是多么依赖并顺从于 "无意识"。这样一来，"不想依赖并顺从于'无意识'，而要变得'有意识'" 这一想法将变得更为强烈。

另外，还存在这样一条法则——"通过引导来强化'意识'所关注的事物"。比如，我们每天在睡觉之前，有意识地去思考今天值得感恩的事情，那么会培养一颗懂得感恩的心。又如，感知力迟钝的人有意识地对所感知的事情进行思考，那么感知力也将会变得敏锐起来。

由上可知，**"有意识地关注什么"决定了"能培养出什么样的自己"**。这两项任务使我们意识到"能够进行自主选择的意识"的存在，因而应当对此加以强化。通过明确"'有意识'关注的对象"，可以有意识地把自己培养成相应的样子。

杜绝"身体""感情"和"思维"的"同一化"

"明明知道但就是做不到"的理由

对于大多数人而言，"在进行有意识地观察之后做出决定"和"在进行有意识地思考之后做出决定"这两件事情都出乎意料地困难。**这就是我们无法戒掉"不良习惯"的原因。**从理性的角度来看，我们都明白"还是（这样）做比较好"，但实际上做不到。究其原因，是**此时的"意识"已经开始依赖并**

顺从于"无意识出现的思维、感情和身体反应"了。

比如，我的老朋友中就有从早到晚只考虑"吃什么"的人。我的这位老朋友早晨起床后，就开始考虑："早饭要吃些什么呢？"吃完早饭后，就立刻开始思考："午饭要吃些什么呢？"在午饭之前，他的脑海中只考虑关于"午饭"的事情。刚吃完午饭后，他又开始思考："晚饭要吃些什么呢？"这样一来，一天之中只考虑关于"吃"的事情，别无其他。当然，我的这位老朋友虽然很喜欢"吃东西"，但也对这种"不良习惯"感到厌烦，因为一直这样的话，他可用于思考重要事情的时间变得越来越少。这就像"国王"被"马儿"带着跑来跑去的状态。

"意识"是控制"感觉、感情、身体"的"指挥塔"

如果想要清楚地认识"意识"就是"国王"，那么就必须对"感觉、感情、身体"进行观察。所谓的"观察感情"指的就是将"意识"产生的感情作为对象进行观察，这与本章开头所讲的"将'意识'和'大脑程序'区分开来"基本上是相同的（参照2-3）。

我在前文中也讲过，如果"大脑程序"和"意识"实现了"同一化"，那么所产生的影响一定会体现在你所用的语言中。当时，我列举了一个"我是哮喘（病人）"的事例。同样地，当我处于极度愤怒的情绪中时，是无法冷静地对"存有怒气（感情）"这一事情进行观察的。如果采用"我在发怒（我=发怒）"这种表达方式，那么表明我已经将"意识"和"感情"混为一谈了。

如果想要将"意识"和"感情"区别开，那么"观察感情"会是一个非常有用的"大脑程序"。同理，能将"意识"和"感情"分离开来，也就意味着"意识"和"感情"本就是两个可以分开的事物。

水分子（H_2O）是由氢（H）和氧（O）两种元素组合而成的，科学家可以使用科技手段将水分子中的两种元素分解出来。在关于"水"的理解这一问题上，上古时代的人是无知的（无意识的）。

避免身体、感情和思维的"同一化"

接下来让我们共同探讨任务3——从"意识"出发，对"身体反应"进行观察。当我们所在的屋子里温度非常高的时候，我们会产生"感觉很热"这样的想法。当采用这种表达方式的时候，主语多为第一人称"我"。在无意识的表达中，就变成了"（我）感觉很热"。

但是在这里，我们要做的事情是拒绝"意识"和"身体"的同一化，因而尝试改变一下主语。我们可以把这句话的表述转换为"（身体）感觉很热"，这样一来主语就转变成了"身体"。换言之，表述不再是"我感觉很热"，而是"身体感觉很热，意识（你）正在观察着这种状况"。

想必有很多人有过这样的经历。他们在还是小孩子的时候，如果摔疼了，父母会对他们说："疼痛啊，疼痛啊，飞走啦！飞走啦！"由于小孩子过于直率，他们会按照父母的话做出相应的反应，并且确实感到疼痛缓解了许多。

任务3

从"意识"出发，对身体反应进行观察

❶现在，将自己的"意识"转向"所感受到的身体反应（热的、凉爽的）"。

❷自己反复嘟囔："这些身体反应并非我的意识本身。"

❸不是"我感觉到……（身体反应）"，而是

❶ 好热啊！

❷ 这些身体反应不是我自己。

"身体感觉到……"。将主语由第一人称"我"转变为"身体"。

④ "意识"对"感觉到……的身体"进行观察。从"与身体的同一化"中脱离出来的"意识"出发，对身体的感觉进行观察。

　　这绝不是一种错觉。当我们把"疼痛"当作与自己无关的事情来进行观察的时候，就能将"意识"从"与疼痛的同一化"之中分离出来，疼痛感随之减轻。

　　现在我们进行下一个任务——从"意识"出发，对"感情"进行观察，从"与感情的同一化之中"将"意识"解放出来。

　　"感情"是非常容易实现"同一化"的事物。在这一任务中，我们要做的事情和任务3是一样的：通过把主语由"我"转变为"感情"，并将"感情"作为对象，冷静地进行观察。特别是当我们感到痛苦的时候，会沉溺于悲观的情感之中。此时只需要我们下定决心切断"感情"和"意识"的"同一化"，就能多多少少变得轻松起来。

从 "意识" 出发，对 "感情" 进行观察

❶回忆一些稍微痛苦的往事，然后等待出现 "感情的反应"。

★在习惯该步骤之前，要避免思考感情色彩过于强烈的事情。

❷自己反复嘟囔："这种感情并非我自己本身。"

❸并不是 "我出现了……的感觉（感情）"，而是 "感情出现了……的感觉"。将主语由第一人称 "我" 转换为 "感情"。

❹ "意识" 对 "产生的感情" 进行观察。从 "与感情的同一化" 中脱离出来的 "意识" 出发，对出现的 "感情" 进行观察。

❶　曾经，我在朋友面前被喜欢的人甩了。
　　悲伤的感情

❷　"感情" 并非我自己本身。
　　这种 "感情" 并非我自己本身。

❸　是 "感情" 出现了 "悲伤的" 感觉。

❹

接下来便是处理"意识"和"思维"的关系。所谓"思维"指的是我们脑海中的想法和念头。我们的脑海中基本不存在没有任何想法和念头的状态。

就像我之前讲过的那样，在关于"思维"这一问题上，很多人都会觉得"我要先确定自己要考虑的事情，然后再进行思考"。但实际上，我们虽然能够有意识地"思考某件事（比如自己喜欢的人）"，但仔细观察，我们就会意识到在很多情况下，我们所思考的内容其实只是一些不知从什么地方胡乱地出现在我们的脑海中的事情。

比如，早晨起床后，我们的大脑会一片空白。这个时候，我们处于精神恍惚的状态，所以不会产生任何思考事情的想法。但接下来，我们的意识会自作主张地转向我们所在意的事情，比如，那些在期末考试中尚未复习的科目。这样一来，我们就会明白，其实大部分的"思考"就是各种各样的想法在我们无意识的过程中出现，消失，再出现，再消失，如此反复。

本来我们并不想思考那些自己讨厌的事情，但在实际过程中却不由自主地对它们进行思考。

就像前文介绍的那样，生活中存在那种只考虑"吃东西"的人。想必现在大家都明白了，这就是所谓的"思考习惯"。

对于这些不良的思考习惯，我们可以同样采取做任务的方法，即从"意识"出发，对"思考"进行观察。该任务的具体操作方法为不再使用"我正在考虑……（思考）"这一表达方式，而是采用"思路变成了……"这样的表述。将主语由"我"变成"思路"，很容易使"不良习惯"发生转变。

如果能够意识到"思考"与"身体"和"感情"一样，并不是"意识"本身，那么我们也就能有意识地将"思考"和"意识"分离开来。

任务5

从"意识"出发，对"思考"进行观察

❶将"意识"转向不经意间出现的、毫无要领的"思路"之上。

❷反复提醒自己："这种'思考'不是我自己本身。"

❸不是"我在考虑……（思考）"，而是"思路变成了……"。将主语由第一人称"我"转换为"思路"。

❶　　　　　　"思考"

肚子好饿啊！

今天晚上吃什么呢？

必须快点儿去超市了！

意识

❷和❸

这种"思考"不是我自己。

"思路"奔向了"食欲"。

❹ "意识"对"变成……的思路"进行观察。从"与思考的同一化"中脱离出来的"意识"出发，对出现的"思考"进行观察。

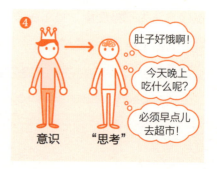

如何将"悲观心态"转换为"乐观心态"

当思考消极的事情时，我们很难将"悲观心态"转换为"乐观心态"。

当我们思考消极的事情时，可以将目标先设定为"保持中立"。所谓的"保持中立"，就是"不对事物的好坏进行评价，只是单纯地观察"。这就像对"思考"进行观察一样，不要刻意地想要阻止脑海中出现的种种"思考"，只是单纯地对这些"思考"进行观察。这样一来，就可以避免出现"意识"和"悲观心态"的"同一化"。

当我们对"悲观心态"进行一段时间的观察后，很快就会平静下来。当冷静到一定程度后，我们就可以有意识地去思考一些积极的事情。这样一来，我们就可以非常顺利地将我们的"悲观心态"转换为"乐观心态"。

如此，我们就从"保持中立"的状态转变为"有意识地思考积极的事物"。对于这件事情，我们将之比作是"国王"以"思考"（缰绳）作为工具指挥着前进的方向。

以去"同一化"来打破"不良习惯"

如何从纠缠不休的想法（思考）和强烈的情感体验当中脱离"同一化"的桎梏

在前面的章节中，我已经介绍了关于"思考""感情"和"身体"的观察任务。大家只需要通过阅读就可以发现这些都是非常简单的事情。但是在日常生活中，由于我们的"意识"与"感情"和"思考""身体"等实现了"同一化"（变成了"无意识"），在实际操作的过程中，会有很多人能够从中体会到新鲜感。

请大家开始尝试对"思考""感情"和"身体"进行观察，这种活动每天进行一次即可。通过这种练习，我们可以认识到"依赖并顺从于'无意识'的自己"和"能够进行自主选择的自己"之间的区别。

越是在"大脑程序"不运转的时候，我们越能容易地对"思维""感情"和"身体"进行观察。但是，当我们变得异常感性的时候，就不能对它们进行客观地观察。在这种情况下，"感情"和"意识"将变得难以分离。

比如，当患有"恐犬症"的人遇到狗的时候，是无法冷静地对自己的"感情"进行观察的。这种状况下，强烈的"感情"和"身体"反应会促使他们产生消极的想法，从而使他们被禁锢在狭窄的世界中。当我们在面对某些根深蒂固的问题时，总是会陷入感性的旋涡中。在这种情况下，如果要实现去"同一化"，就必须增加一些特殊的方法。

为此，我将在下文为大家介绍去"同一化"的方法。

去"同一化"的任务——切换两种状态

在此我将为大家介绍最后一项任务——从"依赖并顺从于'无意识'的自己"转变为"能够进行自主选择的自己"。该任务能有效地实现去"同一化"，将"从意识出发，对身体进行观察""从意识出发，对感情进行观察""从意识出发，对思考进行观察"这三大任务融合在一起。

任务6

从"依赖并顺从于'无意识'的自己"转变为"能够进行自主选择的自己"

❶请坐在椅子上，并在脑海中具体地回忆某段不愉快的体验经历，直到真正出现不愉快的情绪。该过程需要1～2分钟。

❷慢慢地进行3次深呼吸，将"感受到不愉快情绪的自己"遗弃在椅子上（将"思维""感情"和"身体"留在椅子上），而"意识"却站起来。"意识"尽可能地远离那个坐在座位上的"自己"，并且站在那个"自己"的后方，以便对其进行观察。

❷

❸我们再次完成对"身体""感情"和"思维"进行观察的任务。
这次以旁观者的身份对"身体""感情"和"思维"进行观察。
按照"身体""感情"和"思维"的顺序逐一进行观察，并在
这一过程中，始终将这件事当作与自己无关的事情。

❹要不受"身体""感情"和"思维"拘束，对它们进行观察。
能够做到这样的你就是"能够进行自主选择的'你'"。
★以旁观者的身份对"身体""感情"和"思维"进行观察，
将获得的信息描述出来。

④

要点

- 睁开眼睛
- 在保持清醒的意识的状态下,对坐在椅子上的"自己"进行观察
- 在观察的过程中,始终将这件事当作与自己无关的事情

接下来,我将对任务6的执行步骤进行补充说明。

在步骤1中选择某种不愉快的体验作为本次任务的主题。比如我们在不和谐的人际关系当中所产生的厌恶感和愤怒等。因为在放松状态下进行此项活动更容易产生深刻的印象,所以请大家在开始之前要进行3次深呼吸。

在步骤①中,如果大家在脑海中形成了清晰的印象,那么为了重新改变我们的情绪,我们需要再次进行3次深呼吸。接下来我们从"感受到不愉快情绪的自己"中脱离出来,把"思维""感情"和"身体"留在椅子上,而自己却站了起来。这就像灵魂脱窍一样,假定我们已经从身体当中脱离了出来,尽可能地远离那个坐在座位上的"自己",并且站在那个"自己"的后方,以便对其进行观察。这样的话,我们只需在脑海中构建一幅这样的画面——从"感受到不愉快情绪的自我"当中脱离出来,把"思维""感情"和"身体"留在椅子上。请大家务必反复告诫自己要相信那个椅子上确实端坐着那个心情不好的"自己"。

在步骤③中，我们要再次进行在前文中所介绍的对"身体""感情"和"思维"进行观察的任务。由此，第一人称"我"不再是主语，而变成了"'身体'感受到……""'感情'感受到……""'思路'变成了……"这样的表达方式。虽然在对"身体""感情"和"思维"的观察过程中，我们是和"身体（或者'感情'和'思维'）"在一起的，但是在步骤③中，我们却从空间的角度出发将"椅子上的自己"和"对椅子上的自己进行观察的自己"分解开来。

通常情况下，"身体""感情"和"思维"紧密联系在一起，共同构成"大脑程序"。也正因为此，当我们把这三大要素一一分解开来，分别进行观察的时候，这三大要素的连接就变得松弛，我们也就可以更容易地控制不愉快的情绪。

当然，椅子上坐着的"自己"不过是我们的想象而已。在现实生活中，当我们站起来后，看不到椅子上有任何东西。而留在椅子上的那个"自己"（拥有不愉快情绪的自己）只不过是我们想象出来的，以对它进行观察。

然后，我们睁开眼睛，在保持意识清醒的同时，从第三者的角度出发，把坐在椅子上的"自己"当作与自己无关的人进行观察。这个过程的要点是我们在进行观察的过程中，要始终将这件事当作与自己无关的事情。

"能够进行自主选择的自己"所具备的特征

在进行完任务6所介绍的任务之后，想必大家都顺利地从"依赖并顺从'无意识'的自己"转变为"能够进行自主选择的自己"了吧？

在任务6中，"依赖并顺从于'无意识'的自己"指的是"有着不愉快体验的自己"。把"有着不愉快体验的自己"遗弃在椅子上，而自己则始终将这件事当作无关的事情对其进行观察，这就是"能够进行自主选择的自己"。

如果我们能够顺利地进行任务6，那么感情的反应将会变弱，之后会慢慢地变成中立状态（安静的状态）。

"能够进行自主选择的自己"所具备的特征是：视野宽阔，不受"思维""感情"和"身体"的约束。换言之，它是这样的一种状态——不依赖并顺从于"思维""感情"和"身体"，而能够十分轻松地践行"意识"所做的决定。

只有在达到这种状态之后，我们才能轻易地改正"不良习惯"，并采取相应的行动来培养想要的"良好习惯"。

如何才能克服不良习惯

我在前面的章节中已经讲过，当我们转变为"能够进行自主选择的自己"时，就能从"思维""感情"和"身体"的栓梏当中脱离出来，变成"中立的状态（静止的状态）"。这是因为此时的"意识"已经停止了对"思维""感情"和"身体"的"养分供给"。大家还记得我在前文中提到的"引导'意识'所关注的事物会得到强化"这条法则吗？即使"身体"的感觉非常迟钝，但只要我们持续地将"意识"放在关注"身体"感觉上，那么我们"身体"的感觉也会变得敏锐起来。比如，当我们沉迷于对未来感到迷茫的思考中时，这种迷茫的感觉就会逐渐扩大起来。这样，"意识"的关注点在哪里，"意识"就将"养分"供到哪里。

换言之，如果我们不再关注某事，那么其会因为缺乏"意识"供给的"养分"而逐渐变得"干涸"，甚至"消亡"。

由此可见，"引导'意识'所关注的事物会得到强化"法则对于改正不良习惯十分有用。

玩游戏和喝酒会使部分人感到快乐，但是如果不进行控制的话，那么它们就会变成一种上瘾的"不良习惯"。但是如果能够想方设法不再将"意识"放在玩游戏和喝酒上，那么这些"不良习惯"就会土崩瓦解。

在我认识的人中，有一个人深深地陷入对游戏的痴迷状态。他对我讲过这样一个故事。他曾经因公出差在欧洲居住了很长一段时间。在出差中，新结交的当地朋友带领他去看了正宗的歌剧。他深深地为歌剧的魅力感到震撼。在那之后，他就经常去看歌剧，而对于游戏的迷恋逐渐消失了。

很多时候，我们所关注的对象一旦发生改变，"不良习惯"也会逐渐消失。将关注对象转向更为健康的事物，这样我们就可以达到"改变习惯"的目的。对此，我们可以将其称为"升华"。

就像"任务6"所训练的那样，即使我们被不愉快的"思维""感情"和"身体"反应所束缚，但只要能够实现前文所述的"脱离同一化"，就不会再受到这些消极的"思维""感情"和"身体"反应的影响。

这是"意识"停止了对这些不愉快的"思维""感情"和"身体"反应的"养分供给"，使其失去了往日的活力。

第 3 章

与「无意识」融洽相处

确立一个"可以改变习惯的自己"

我们会成为自己想象中的人

在第2章，为了让大家理解"能够进行自主选择的'意识'"和"依赖并顺从于'无意识'的'意识'"之间的区别，我设计了6个训练任务。

在本章中，**为了能够从"能够进行自主选择的'意识'"出发，来改正"不良习惯"的目的，我将为大家介绍一种基础思路，这种基础思路就是"引导'意识'"。**

在第2章中，我提到"引导'意识'所关注的事物会得到强化"法则。无论是引导"依赖并顺从于'无意识'的你"所关注的事物，还是引导"能够进行自主选择的意识"所关注的事物，只要这些事物得到了"意识"的青睐，就必然会得到强化。

如果"意识"被"大脑程序"所"劫持"，总是在反复思考消极的事情，那么你就会引导"意识"去关注那些消极的事情。如此一来，我们就会从"依赖并顺从于'无意识'的'你'"出发，反复思考消极的事情，从而被迫养成了"不良习惯"。

在我们的生活中，有各种各样的用于自我启发的名言警句，比如，"我们要成为自己想象中的那个人""我们要成为自己构想中的那个人"。

当然，这两句话意思相同，句中所提到的"想象"和"构想"其实是同一含义。"想象"指的是"思考"，"构想"指的是"脑海中的念头"，而"脑海中的念头"指的也就是"思考的内容"。

比如，如果我们反复地思考"自己是一个失败的人"，那么这句话会在我们的脑海中根深蒂固地保存下来。与之相反，如果我们反复地思考自己善良的一面，那么就会在脑海中留下一个善良的自我印象。

换句话说，**我们能把自己培养成什么样子，很大程度上取决于我们脑海中的"思考（想法）"和"念头（印象）"**。想必大家能够明白，这同我之前所讲的"引导'意识'所关注的事物会得到强化"法则的含义是相同的。

单纯依靠意志的力量来改变不良习惯是远远不够的

人类可以通过改变意识所关注的事物，来达到有意识地改造自己的目的。这就意味着，如果拥有一个积极向上的思考习惯，那么我们也会自觉地变得积极乐观。

比如，有这样一类人，他们只会看到别人的缺点。如果我们也养成了这样的习惯，那么无论遇到谁，我们都会变得气愤不已，自然也就无法与他人顺利地进行交流沟通了（图3-1）。如果只会看到别人的缺点的人想要培养出"能够看到别人的优点"的习惯，那么他们必须要做些什么呢？

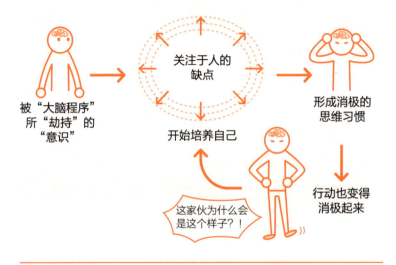

图3-1　引导"意识"所关注的事物会得到强化

　　为了养成"能够看到别人的优点"这种新习惯，他们就必须在一段时间内，与之前形成的"不良习惯"展开斗争。之所以要这样做，是因为"只看到别人的缺点"的这一"不良习惯"会引导他们不由自主地（无意识地）关注别人的缺点。

　　单纯依靠意志的力量将"意识"转换到"能够看到别人的

优点"绝非易事。当我们身体状况良好、精力充沛的时候，或许可以做到这一点。但是当我们处于疲劳状态时，会不由自主地依赖并顺从于那些"不良习惯"。

如果要养成"能够看到别人的优点"这一习惯，首先我们必须要切换到"不受'不良习惯'影响"的这一状态。换言之，就是我们要切换到"能够进行自主选择的意识"的状态。然后，采取相关行动，让自己认真观察别人的优点。

当然，只单纯地依靠一次行动是绝对不会养成新的习惯的。如果要养成"良好习惯"，需要我们锲而不舍地坚持。

但在这里，有两件事情需要引起我们的注意。

● 停止"意识"对"不良习惯"的"养分供给"。

● 开始"意识"对"新习惯"的"养分供给"。

瓦解"不良习惯"的简单方法

下面我们通过例子来介绍瓦解"不良习惯"的简单方法。

就像为了保持肌肉而需要每天不停地锻炼一样，那些"不良习惯"为了能够持续存活下去，需要不停地引导和控制我们的"意识"。因此，如果我们能够与"只看到别人的缺点"这一"不良习惯"进行抗争，努力使自己发现别人的优点，那么这一"不良习惯"的"系统"也就会慢慢地土崩瓦解。这就好比一个人整天与朋友吃喝玩乐，放弃了肌肉锻炼，那么时间一长，他的肌肉也就会慢慢地回到普通状态。

　　同样，如果我们引导"意识"转向"能够看到别人的优点"这一方向，那么新习惯的"系统"就会慢慢地组建起来。当然，并不是自动地（无意识地）付诸行动，就能组建牢固的"大脑程序"，因而，为了促进新习惯"系统"的建立，我们需要有意识地重复相关行为——认真观察别人的优点，以发现别人的优点。改造"思维习惯"如图3-2所示。

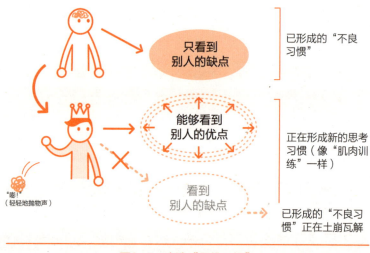

图3-2　改造"思维习惯"

　　当我们有意识地做到"能够发现别人的优点"的时候，在那一瞬间是无法看到这个人的缺点的。因为人类没有办法同时进行两个正相反的事。

换言之，如果我们不再关注"不良习惯"，那么"不良习惯"就会逐渐消失。因此，为了改掉"不良习惯"，我们必须建立一个"良好习惯"，并引导"意识"关注它。

我曾经举过这样的一个例子。我认识的一个人通过培养对歌剧的兴趣解除了对游戏的过度依赖。由此可以明白，如果我们能够发现某件比对"不良习惯"还感兴趣的事情，并引导"意识"关注这件事，那么我们的习惯也会发生改变。

最重要的事情是要能够确立一个可以改变习惯的自己

在改变习惯这一问题上，最难做到的就是迈出第一步。

在我们要戒掉吸烟或者饮酒之类的"不良习惯"之前，这些习惯其实已经筑起"一夫当关，万夫莫开"铜墙铁壁般的壁垒。我们要想戒掉这些"不良习惯"，就必须背水一战，与其斗争到底。因而，如果我们无法从"不良习惯"的壁垒当中脱离出来，那就无法采取任何能够改变习惯的行动。从这些"不良习惯"的壁垒当中逃脱的自己，其实就是"能够进行自主选择的意识"。

读到这里，想必大家都已经明白，在改变习惯之前，我们必须要做的事情是"要确立一个能够改变习惯的自己"。

对于我在第2章为大家提供的训练任务，或许有人会觉得十分朴素且无聊，或许也有人在对"思维"和"感情"进行观察之后，并没有察觉到任何变化。

但是，这就像运动和乐器演奏，要想一鸣惊人，就必须踏踏实实地做好基础训练，打好基础。同样，如果我们想要感受到改变习惯带来的改变，就必须一步一个脚印地去践行这些简单朴素的训练任务。

掌握"引导意识"的方法

"意识→思考"和"意识←思考"之间的区别

"引导意识"这一行为的出发点是"有意识地对思考的内容（思考的主题）进行选择"。在此之前，我们大多数时候会顺从于"无意识"来决定自己思考的内容。而"引导意识"则要求"你"有意识地对思考的内容进行选择。如果我们用模型来描绘"你有意识地对思考的内容进行选择"这一行为，可以表示为"意识→思考"。相反，如果顺从于"无意识"来决定思考的内容的话，模型则变为"意识→思考"。"意识→思考"和"意识←思考"如图3-3所示。

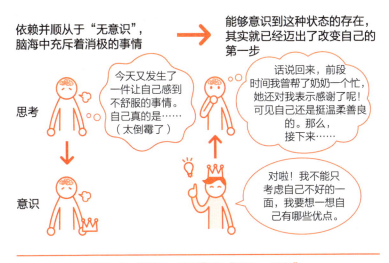

依赖并顺从于"无意识"，脑海中充斥着消极的事情

今天又发生了一件让自己感到不舒服的事情。自己真的是……（太倒霉了）

能够意识到这种状态的存在，其实就已经迈出了改变自己的第一步

话说回来，前段时间我曾帮了奶奶一个忙，她还对我表示感谢了呢！可见自己还是挺温柔善良的。那么，接下来……

思考

意识

对啦！我不能只考虑自己不好的一面，我要想一想自己有哪些优点。

图3-3 "意识→思考"和"意识←思考"

有时候我们思考一些并不想考虑的事情，诸如"对未来的不安"。但是这些思考对象并不是我们有意识地选择出来的，而是无意识地涌现在脑海之中的。因此，这就可以作为"意识←思考"模型的典型代表。另一方面，当我们顺从并依赖于"无意识"，并反复思考消极事情的时候，也会产生这样的想法——要停止消极的想法，并将自己的思绪有意识地引导到积极乐观的方面。比如，当我们对智能手机里的游戏进行思考的时候，可能会觉得"沉迷于手机游戏并不好",并开始反复思考"该如何做才能在将来获得成功"这一问题。在这种情况下,我们就成功地将模型由"意识←思考"切换为"意识→思考"。

这就是从"依赖并顺从于'无意识'的'意识'"转变为"能够进行主体选择的'意识'"的一个简单表现。

我在前文中曾经提到"思维"可以引起"感情"的波动,而"感情"和"身体"反应之间存在着联动机制。换言之,"你思考的内容"和"意识→思考→感情→身体"紧密地联系在一起。因此,究竟是"意识←思考"还是"意识→思考",这两者的差异所带来的影响不仅仅局限于"思维"本身,而且还波及"感情"和"身体"等方面。

"国王"的任务就是"对思考的内容进行选择"

在前文中,我曾提及"国王"的任务之一就是"决定方向"。其实,"决定方向"指的是"对思考的内容进行选择"。

姑且不论是"有意识"还是"无意识","决定方向"是日常生活中必需进行的事情。在这里,我们再次对"决定方向"进行确认。

比如你是否存在以下情况:在准备考试的过程中,你无法将恋人从脑海中排除出去。在第二天就要考试的情况下,你也十分清楚自己不能在此时沉迷于对恋人的想念中,因而努力地从这种想法（杂念）之中脱离出来，将"意识"切换到当下的复习之中。如此，你会在脑海中频繁地对"思考的主题"进行切换。

这和我们平时所说的"切换心情"的含义相同。

比如，某位棒球选手面对绝好的机会却三击均不中而出局（图3-4）。在这种情况下，有的选手会始终对此耿耿于怀，而有的选手则会很快忘记这段不愉快的经历。那么，他们对这件事的看法究竟是怎样的呢？

很快忘掉这段不愉快的经历的选手

绝好的击球机会

对啦！我只需要在下次比赛中改变持棒方法就可以了！

接下来还有其他行之有效的方法吗？

如果在那个时候（绝好机会的时候）挥抡球棒的话……

始终耿耿于怀的选手

图3-4 能够替换"意识"情况和不能替换"意识"的情况

对于始终耿耿于怀的选手，他一定时刻浮现三击均不中的画面，并反复追问："为什么在那个时候（绝好机会的时候）

没有击中球？"总之，他的脑海中存在着限制自己能力的思考的内容。

对于很快忘掉这段不愉快的经历的选手，他一定有着其他更为积极的思考的内容。

替换脑海中的画面

无论在运动方面，还是在学习方面，那种明明有能力却无法正常发挥以致失败的人出乎意料地多。他们无法正常发挥的最大原因就是被脑海中消极的思考的内容所影响。**因此，只要我们能够对思考的内容进行替换，那么无论做什么事，成功率都会大幅提高。**

在参加运动比赛或非常重要的考试时，我们可能经常会得到周围的人的建议："调整一下你的心情吧！"但很多时候，当听到这种模糊的建议时，我们并不明白应该怎么做。

那么，我**建议大家将脑海中的画面替换为其他的事情**。这样一来，应做之事变得具体可行，大家也一定能够完成。

另外，所谓的"脑海中的画面"其实就是"思考的内容"。当我们对"思考的内容"进行替换的时候，"替换脑海中的画面"这一任务也会变得容易许多。关于这一点，我将进行详细具体的说明。

转变思考的内容1

"无意识"引导下的"自动运作"机制

当我们因失恋而情绪低落的时候,脑海中一定充斥着各种各样"阴暗"的想法(思考的内容)。这时候,我们会责备自己或者埋怨对方,各种消极的想法会接连不断、自动地(无意识地)出现在我们的脑海中。持续不断地思考失恋是一种痛苦的经历,但这并不是"意识"自发地想要思考的内容,而是在"下属们(无意识)"的胁迫之下所进行的思考。

由此可以明白,我们脑海中的"想法"是沿着某种思考的内容(例如失恋)自动运作的。如果将其当成一种"流程",那么可以表示为以下形式:

思考的内容(主题)→思考的自动运作

一旦"思考机能"沿着"失恋"这一主题(思考的内容)开始自动运作,那么此时的愤怒之意和悲哀之情一定会加重。另外,当愤怒之意和悲哀之情加重的时候,我们会变得没有食欲、状态不佳、肤色差。换言之,思考失恋这件事对我们的身体产生了影响。

具体来说，愤怒和悲伤会随着思考的内容自动涌现出来，而食欲也会随之自动消失。

这时，"流程"可以表示为以下形式：

思考的内容（主题）→思考的自动运作→感情的自动运作→身体的自动运作

转换"思考的内容（主题）"的步骤

通过对"思考的内容（主题）"的切换，我们的"思考""感情"和"身体"等一切都会得到相应的转换。我们可以将这一流程表示为以下形式：

思考的内容（主题）的替换→思考的替换→感情的替换→身体反应的替换

大家还记得我在前文提到的将思考的内容从"智能手机游戏"转变为"该如何做，才能在将来获得成功"这一示例吧？

在我们将"思考的内容（主题）"转变为"该如何做，才能在将来获得成功"的过程当中，脑海中构想的切换起到了非常重要的作用。

"构想"会对人们产生巨大的影响。关于这一点，我将在第4章中进行详细具体的论述。因此，对于大多数人而言，作为"思考的内容（主题）替换"的第一步，对"脑海中的映像（构想）"进行替换是一种十分行之有效的举措。

当然，在前面的示例中，我们将脑海中的映像（构想）由"智能手机游戏"转变为"在未来生活中取得成功的自身形象"。

"思考的内容（主题）"和"无意识"的作用

在前文中，我对"思考的内容（主题）的转换"进行了详细的解释。或许有人认为，这是理所当然的事情。究其原因，是因为前文所介绍的内容是我们每个人每天都在发生的事情。

之所以会这样说，是因为在很多情况下，"思考的内容（主题）的替换"都是由我们的"下属们（无意识）"来推进实现的。

想必有很多人在早晨起床后，准备开始新的一天之时，首先会制订当天的行动计划。此时，我们会沿着"当日计划"这一"思考的内容（主题）"展开各种各样的思考。但是，在这一过程中，我们的"思考的内容（主题）"会不知不觉间被偷偷地替换成其他想法（比如，前段时间的失败经历）。当我们意识到思考的主题已经偷偷地发生改变的时候，就会努力地回归到应该考虑的主题上（在此，指的是制订出当天的行动计划）。

这样最初我们是以"有意识地对思考的内容（主题）做出选择→思考的自动运作"的流程开始思考的，但是一旦粗心大意，这种"流程"会变成"无意识地对思考的内容（主题）做出选择→思考的自动运作"。

在实际生活中，确实存在着这样一个变化倾向。究其原因，是因为在"下属们（无意识）"的引导下，"思考的内容（主题）"随之发生变化。

这和无意识的思考癖好有着直接的关系。无意识往往会让我们产生各种各样的联想。

请大家回忆一下我在前文中介绍的训练任务的内容。在该部分，我曾经介绍过这样一个失败的案例——我们决定对"订书机"进行思考，但是在不知不觉间想起在泰国旅游时发生的事。在询问自己"订书机是哪里制造的呢"的过程中，出现了一种这样的联想——"这个订书机是东南亚某个国家制造的吗?""是泰国吗?""之前的泰国之旅真的非常的愉快呢!""那种叫'冬阴功汤'的泰国菜十分美味呀!"我们顺着这一流程产生了各种各样的联想。所谓"联想"，指的是一旦出现某种想法之后，与此相关的事件都会被——想起。因此，当我们完全依赖于"无意识"的时候，"联想"就会接连不断地浮现在脑海之中。

对"意识"的职责而言，我们有必要在"决定方向"这一任务之外，再增加"监督下属们（无意识）"这一职责。所谓"监督下属们（无意识）"，指的是要时常检查"下属们（无意识）"是否正在进行无用的联想，如图3-5所示。

图3-5　"意识"的职责

当然，在思考主题范围内，"无意识"从过去的记忆所引发的"联想"是十分有用的，因为这证明了我们的思考正处于一种积极的工作状态中。总之，"联想"并非都是徒劳无功的。"联想"到底有没有发挥积极的作用，需要"意识"对此做出判断。

读到这里，想必大家都能明白，当我们想要改变包括习惯在内的任何事物的时候，都必须有意识地去做那些无意识做过的事情。

截至目前，我所说的事情都是无意识进行的事情，想必没有人会对此毫不了解。但是当"意识"掌握主导权，并想要养成新习惯的时候，就必须要了解在此之前"下属们（无意识）"养成这一习惯的过程。在日常生活中，我们基本上都是无意识地生活着，因此对"下属们（无意识）"养成习惯的过程不甚了解。那么我反复地讲到我们就对"无意识（下属们）"如创造并经营你的王国这一过程进行探秘吧！

体会思考的内容的转变所带来的变化

因为"思考的内容的替换"本身是一件非常简单的事情，所以在这里我们要简单地进行一下练习。练习具体的操作过程见任务7：对"有意识地选择思考的内容"的练习。

1）有时候，某些"思考的内容"一定会占据你的头脑，比如"对未来抱有的不安""对过去发生的某件事情所产生的悔意""从游戏中感受到的快乐"等。在这里，我们至少要选择三项内容进行思考。此时，我们不需要将精力集中于这些内容上，只需探明这些事情的具体内容。

2）在这些思考的内容中，存在着这样一类事情。它们具有以下特征：只要引导意识关注于此，就意味着能够有效地利用时间。比如，"考虑如何才能实现自己的梦想""考虑如何才能让自己感兴趣的技能变得精进"等。在这里，我们要选择那些不光有意义，而且在一定程度上能让人感到快乐或者积极向上的事情。究其原因，是因为如果没有选择那些让人感觉快乐或者积极向上的事情，那么我们就无法将精力集中到那些重新选择的思考的内容上。比如，如果将"学习不擅长的科目"作为新的选项，那么我们在一定程度上能够取得有效利用时间的效果。但是对于那些本来就十分讨厌学习的人而言，想要集中精力于这件事情是非常困难的。所以，请大家把那些"不光有意义，而且在一定程度上能让人感觉到快乐"的事情作为思考的内容。

请至少选择三项"不光有意义，而且在一定程度上能让人感觉到快乐"的思考的内容。但此时，我们仍然不需要将精力集中于这些思考的内容上，只需探明这些事情的具体内容。

3）请再次参看前文中的图9，并按照"意识"所设定的方向，对"思维""感情"和"身体"反应这一流程进行确认。当对思考的内容进行切换时，我们需要时刻意识到自己是"国王"，并有意识地做出选择。

任务7

对"有意识地选择思考的内容"的练习

❶ 请写出几个虽然让你十分着迷，但是浪费时间的"空想（思考的内容）"。

❷ 列举出几项具备"只要引导意识关注于此，就意味着能够有

效地利用时间"这一特征的事情。

★寻找那些"不光有意义，而且在一定程度上能让人感觉到快乐或者积极向上"的事情。

❸从①的内容中选择一个作为思考对象，并将精力集中于此。认真体验这一过程（1～3分钟），直到充沛的感情涌现出来。

★无论感情是痛苦的还是快乐的，这都无所谓。我们要做的是再现自己暂时受控于"感情"的状态（比如白日梦或者做噩梦的状态）。

★开始时，需要选择一些程度较轻的主题（如果一开始就选择那些能够唤起强烈感情的思考的内容，那么我们可能会无法顺利地实现"有意识地选择思考的内容"的目的）。

❹请在脑海中时刻保持这样的想法："我就是国王。下属们正在按照我所决定的方向前进。"然后，对思考的内容进行替换。我们要将其替换为②中所选择的思考事情。一旦思考的内容发生改变，那么"思维"也会发生改变。与此同时，"感情"和"身体"反应也会发生改变。而我们要做的是对这个改变过程进行观察。

转变思考的内容2

思考的内容存在层次之差

在前文的"转换思考的内容"中，所涉及的"思考内容的替换"究竟是同一层级间的替换，还是不同层级间的替换？对此，我们并没有明确地进行解释说明。

比如，我们将脑海中思考的内容由"游戏"替换为"喜爱的食物"。因为这两者都是与娱乐相关的事情，所以我们可以认为这是处于同一水平间的"思考的内容的替换"。

处于不同水平间的"思考的内容"也是可以实现替换的。比如我们将思考的内容从"游戏"替换为"在想要发展的领域中进行的活动"。那么什么是"想要发展的领域"？也许是设计水平的提高，也许是运动能力的提升，这些都因人而异。

请各位认真观察图3-6所示的思考的内容的水平及"养分供给"的差异。

随着"思考的内容"所处水平的改变，"思维""感情"和"身体"等所有的领域的"养分"都会发生改变。

用通俗的话来讲，当想到与性相关的事情（出现某些念头）时，那么我们的"感情"会进入性兴奋状态。与此同时，身体也会出现相应的反应。

之后，如果这一念头被替换成"实现梦想或目标"，那么我们的"感情"和"身体"反应就会发生质的改变。

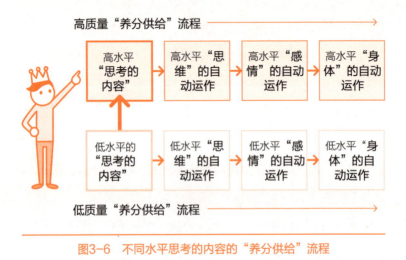

图3-6　不同水平思考的内容的"养分供给"流程

生活方式的不同取决于所需"养分"的不同

与"愤怒""嫉妒"等负面情绪共存，与积极向上的情绪共存，我们的身体所产生的反应是不同的。前者可能会让我们处于闷闷不乐、郁郁寡欢的状态。当这种状态出现的时候，我们的视野会变窄。在最恶劣的情况下，我们甚至会产生想要破坏周围事物的冲动。而后者能够让我们感到心情愉快、通体舒畅。并且，我们的视野也随之变得宽阔起来，对于发生的事情也能够冷静地接受了。

实际上，<mark>依靠何种"养分"生活决定了我们脑海中最容易出现何种质量的想法</mark>。如果像前者那样，如果我们依靠粗糙劣质的"养分"生活，那么涌现在脑海中的将是一些消极否定的想法。而如果像后者那样，依靠积极向上的"养分"生活下去，那么我们的脑海中就极容易出现<mark>积极乐观的想法和创造性的解决方案</mark>。

如何改变"养分"的质量

当依靠粗糙劣质的"养分"生活的时候，我们会非常地想吃那些垃圾食品。又如，当我们陷入悲观情绪或者感到压力特别大的时候，就会特别想吃快餐。而大量吸烟或者饮酒等也大都发生在我们被那些劣质"养分"缠绕的时候。

相反，当我们依靠高质量"养分"生活的时候，不仅不会过度饮食，而且还会特别想吃新鲜蔬菜等对身体健康有好处的食物。

大自然存在这样的一条法则：<mark>波长相同的事物相互吸引</mark>。那么作为大自然一员的人类，也倾向于喜爱相同性质事物。

改变思考内容水平的任务

就像我们所了解的那样，身体周围"养分"的质量不仅影响我们的思考倾向，还会影响我们喜爱事物的倾向。

如果我们将"改变思考内容的水平"当作"改变身体周围的'养分'"这一任务的开关，那么我们就能明白"改变思考的内容的水平"是一件极其重要的事情。

在这里，我们练习一下如何改变思考的内容的水平吧（任务8）！

我们要做的事情和任务7练习的"思考内容的选择"是一样的。但是，在这里我希望大家能够切身地感受到因"改变思考的内容的水平"所带来的"养分"的质变。

1）请参考任务7为大家列举的示例。

2）我们仍然选择那些不仅有意义，而且会让人产生开始去做的冲动的事情。如果我们一开始对所选的事情充满了厌恶感，那么最终也无法改变思考的内容的水平。在这里，我们仍然至少选三件事情。另外，我们无须将精力集中于此，只需要简单地查明事情的具体内容。

3）刚开始训练的时候，我们应当选择一些情感程度较轻的事情。如果从一开始就选择那些能够唤起强烈情感的思考的内容的话，那么我们可能会无法顺利地实现切换目的。

4）即使称其为"'养分供给'的改变"，但是也没有必要将它当作一项异常艰难的任务。很多人都能从这项任务中切实地感受到"思考内容的水平的改变"所带来的"'养分供给'的变化"。

比如，"以前体重很重，现在变轻了""身体变得暖和起来""状态变得神清气爽了"等。在大多数情况下，随着"养分"质量的提升，我们会出现"心情变好""身体变舒服"等相关反应。

任务8

改变思考内容的水平

❶再次确认任务7所使用的那几个让你十分着迷，但最后是浪费时间的"空想（思考的内容）"。

❷列举出几项具备"只要引导意识关注于此，就意味着能够有效地利用时间"这一特征的事情。

★在这里，要有意识地寻找那些"思考内容的水平可以改变"的事情。

❸从①的内容中选择一个作为思考对象，集中精力于此。认真体验这一过程（1~3分钟），直到充沛的感情涌现出来。

★无论是痛苦的还是快乐的感情，这都无所谓。我们要做的是再现自己暂时受控于"感情"的状态（比如白日梦或者做噩梦的状态）。

❹请大家在脑海中时刻保持这样的想法："你就是国王。你的下属们正在按照你所决定的方向前进"。然后，对思考内容的水平进行替换。我们要从②中任选一个，一旦其思考的内容发生

改变，那么"思维""感情"和"身体"反应的水平也会发生改变。而我们要做的是对此过程进行观察。

★引导意识观察"养分"是如何发生质变的。

我们要成为自己构想中的那个人

如果能够灵活运用任务8所介绍的技能的话，那么即使我们现在心情压抑，痛苦不已，但只要通过选择积极向上的念头，就能恢复平静。如果在情绪低落的时候，我们继续引导"意识"去关注于那些引发郁闷情绪的想法（思考），那么我们的压抑之感会被增强。

我们都明白"意识在关注事物时会得到强化"这一原理。同样，如果停止对某一事物的关注，那么"意识"对该事物的"养分供给"也会随之停止，被关注的对象也就逐渐变得"枯萎"，甚至消亡。如果长时间处于郁郁寡欢的状态，那么一定是"意识"被引导着关注那些消极否定的事物了。

这样，你关注什么事物，就决定了何种事物会发展，何种事物会消失。这就是我在本节的开头部分所写的"我们要成为自己构想中的那个人"。

为了避免养成不好的习惯而必须注意的事情

避免错误的"习惯化"所带来的弊端

想必大家现在一定深刻地理解了这一原理——引导意识所关注的对象会得到强化。意识不关注的事物会逐渐变得"枯萎",甚至消亡。

当想戒烟和戒酒的时候,我们要努力做到再也不接触到它们。之所以这样做,也是基于上述理论。当然,要戒掉这些具有致瘾性的事物需要特殊的方法,因为它们所形成的不良习惯中存在着榨取我们精力且难以改变的系统。另外,意识所关注的事情会得以强化这一法则不仅仅适用于大脑程序和习惯,而且也适用于"思维""感情"和"身体"等更为庞大的系统。如果你的身体机能得不到应用,那么其就会退化。反之,身体机能越被使用,就越能变得强韧起来。关于这一点,我不再赘述。不仅如此,如果"感情"和"思维"得不到应用的话,那么相应的能力也会逐渐变得退化。

仕这里,我之所以强调这一内容,是避免错误的"习惯化"所带来的弊端。

我们会遇到那些像机器人一样性情冷淡的人。他们可能在幼儿时期受到过极大的感情创伤，因过度痛苦而将感情当作可怕的事物，因此，会不动任何感情地经营着自己的生活。因为他们在"感情"中感受到巨大的痛苦，所以在脑海中形成了"感情=痛苦"的模型。

出于上述原因，这些性情冷淡的人停止使用一切"感情"，只是单纯地进行思考，最终，使他们的感情变得迟钝。由此可知，"思维""感情"和"身体"都是越被使用，其机能越能得到强化；反之，越不被使用就越会退化。

像机器人那般只会进行思考的人是有失偏颇的。同样，那些讨厌思考、只会感情用事的人也是有失偏颇的。因为在考虑事情（思维）方面，一旦出现懈怠，那么思考技能也会变得迟钝。

对那些只会思考的人而言，因为共情机能——"感情"变得迟钝，所以他们很难理解别人的心情。另外，偏重于感情的人，由于过度体会和理解发生在别人身上的事情，他们很难冷静地控制自己，也就过分地感受到生活的艰难。由此可见，"思维"同样具有创造平衡感的机能。

我们无论偏向"思维"和"感情"中的任何一方，都可能无法与他人顺利地展开交流，因此变得痛苦不堪。

其实，解决这种烦恼的方法非常简单。我们只需要学会运用"意识在关注事物时会得到强化"这一原理即可。

感情迟钝的人可以反复地引导 "意识" 关注自己情绪的变化，帮助自己找回已经丧失的敏锐感。相反，那些经常疏于思考的人可以读一些内容稍难理解的书，以此来锻炼自己的思考能力。

有意识地使用 "思维" 和 "感情"，可以使自己的机能得到强化。这就和我们的肌肉越使用越强壮是同一道理。

所谓 "改造自己"（比如养成新的习惯）指的是 "意识（国王）" 通过使用 "思维（缰绳）"，控制着 "感情（马）" 和 "身体（马车）" 的前进方向。因为在大多数情况下，我们都会被或好或坏的 "感情" 所控制，所以所谓的 "控制" 其实指的就是 "通过'思维'来控制'感情'"。

但是如果我们过分地控制 "感情"，那么就会出现压制 "感情" 的风险。实际上，过分关注自我启发的人很多时候会想要控制所有事情，以至于变成机器人那样只会进行思考的人。因而，无论 "意识" 偏向 "感情" 还是 "思维"，都会给我们带来痛苦。

安定的状态指的是 "思维" 和 "感情" 保持平衡的状态。在这两者中，无论哪一种 "冒头"，都会打破这种平衡。只有保持平衡，这两者才会和谐共处，合作共赢。

为了避免错误的 "习惯化" 所带来的弊端，我们需要掌握引导 "意识" 的方法。在后文中我将对这种方法进行说明。

"思维""感情"和"身体"都在寻找"自我表现"的机会

对于"国王"而言，除了"大脑程序"，"思维""感情"和"身体"也是十分重要的下属。关于这一点，我在前文中已经进行了详细的论述。

如果我们运用46页所讲的示例的话，那么就是"身体"将"感到炎热"这一信号发送给"意识"。与此同时，"意识"会依据"喜欢/讨厌"等"感情"来产生"想要打开空调"的想法。但是，"意识"可能会以"对身体不好"为理由来控制"打开空调"的行为。

在这种情况下，"身体""感情"和"意识"都各自拥有不同的反应。虽然这不能被称为多重人格，但每一个人身体里都存在着各种各样的"意识"。

另外，"国王"的每一个"下属"都在期待着自身的成长和发展。"感情"和"思维"在期待着成长，"身体"也同样期待着成长。对它们而言，所期待的这种成长就是"自我表现"。

到目前为止，我反复地使用"国王（意识）"和"下属们（无意识）"这个比喻。但即使你是"国王"，如果胡乱地改变"下属们"非常重视的"习惯（系统）"，那么"下属们"也会发生叛乱，篡夺你的王位（图3-7）。减肥过程中体重的反弹就是一个非常好的例子。

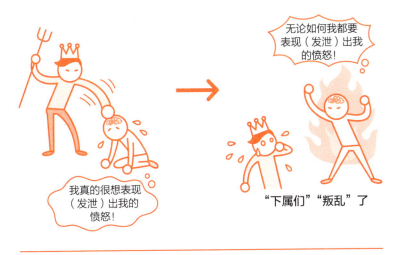

图3-7 "下属们"的叛乱

你是不是也经常用理性去压制自己的感情呢？比如你有一个非常小的孩子。由于无知，孩子做出了许多令你感到匪夷所思的事情。即使如此，你也会因为"不能对其发怒"这一理由，尽可能温和地告诫他。这样，我们就压制（强忍）住自己的怒气。这样一来，我们的"感情"就失去了自我表现的机会。如果这种情况反复出现，那么你很快就无法依靠理智去压制"感情"，最终大发雷霆。

想必很多人在压力特别大的时候，会因为一些小事情而火冒三丈。

之所以无法压抑住心中的怒火，是因为我们的"下属们"

已经"造反"了。此时，我们的"下属们"是强有力的一方，而作为"国王"的你只能依赖并顺从于它们。

在很多关于习惯养成的书中都非常明智地写着："改变习惯要一个一个地来，哪怕从一个小小的习惯开始。"的确，如果我们过度地大规模地改变习惯，那么很容易丧失平衡，使一切回到原点。

为了能够让"下属们"心甘情愿地帮助我们养成新的习惯，我们需要掌握一定的技巧。

顺其自然地与"无意识"共存

无论是积极的"无意识"，还是消极的"无意识"，都会不断发展

当我们过度地压制感情，导致压力特别大的时候，就会对周围的人有情绪，甚至对其大发脾气。想必大家都有过这样的经历：当我们在对其他人发怒之后，心情会变得轻松舒畅。同时，在发怒之后，我们也会进行自我反省。

一旦醒悟，我们都会明白并非自己想要对别人发火，而是无法控制这种感情，只能默许其爆发。

这就是"下属们"的叛乱。换句话说，此时的我们就依赖并顺从于"无意识"了。

尤其是对本来没有犯任何错误的人发火，这会使我们在日常生活中好不容易建立的好口碑面临土崩瓦解的风险。这对"国王"而言并不是一件好事，但对"下属们"而言，却是一种非常重要的体验。"感情"通过"发怒"这种形式淋漓尽致地表现出来。

在这里我要告诉大家一件非常重要的事情。

"下属们"为了发展自己会有种种表现。而对于"下属们"而言，无论这种表现是积极的还是消极的，所取得的效果是一样的。

当我们斥责（乱骂一通）别人的时候，会使周围的人受伤。但当我们开心的时候，会对周围的人产生好的影响。比如，在我们还是孩子的时候，当父母看到我们开心的样子，他们也会觉得开心，忘掉烦恼。对"国王"而言，前者是一种破坏自己口碑的消极的情感表现，而后者则是可以提高别人对你的好感度的积极情感表现。虽然从感情"质"的角度来看，这两者有很大的不同，但是从"感情得到发展"的角度来看，两者所产生的效果却是相同的。

实际上从小时候开始，无论好的感情还是坏的感情，我们都是通过"表现"这种形式来帮助其生长。因此，站在"下属们"的立场（"感情"的立场）上，哪怕是表现出消极的感情，也算得上是"感情"的一种成长。

"思维""感情"和"身体"都是十分重要的下属，所以作为"国王"的你有责任给予它们表现的机会，使其得到成长。

但是在这个时候，对"国王"而言，有必要时刻引导你的"下属们"做出积极的行为。

将否定的"养分"转变为肯定的"养分"

虽然这一话题有些跑题，但是我还是想问大家，自己有没有过将消极否定的想法转变成积极肯定的行动的经历呢？

我分享一个自己的故事。高中时代的我无论是在社团活动方面，还是学习、恋爱方面都是半途而废。那时，我觉得自己是一个毫无用处的人。当时的我异常地厌恶自己，内心之中充满了自我否定之感。如今，我十分懊悔自己白白地浪费了16岁到18岁这段非常重要的时期。

但就在对自己极度厌恶的时候，"要改变自己"的想法反而变得更坚定了。首先，我想改变对自己的印象，因而将一所十分难考的大学设为自己的奋斗目标。换言之，我将对自身的不满转变为了行动的动力，然后，我拼命地努力学习。虽然失学了一年，但是在备考期间，我每天持续学习12个小时。

在踏踏实实准备考大学的这一年半内，我的视力从1.5降到了0.05。虽然没有考入这所大学，但是我朝着目标做出了积极的努力。

在回顾自己人生经历的时候，我深刻地体会到这段经历于我而言，是一种非常重要的人生体验，甚至可以这样说：如果没有这种人生体验，那么我将不知道未来的人生会变成怎么样。当时的我是一个非常消极的人，对什么事情都采取十分消极的态度。虽然现在的我经营着两个公司，可以自主地开拓自己的人生，但是不得不承认，这些资历都是在"无论如何都要考上大学，改变自己的人生"这一强有力的愿望的引导下，拼命备考的那段时间培养出来的。

换言之，为了考上大学，并使自己的人生变得丰富多彩，我磨炼出了人生所必需的资质。但是这一切的动机，都是对于自身的不满，或者说是对自己的怒气（"感情"）。

当听到"自我否定""怒气"等词的时候，我们会产生非常消极的印象。当然，如果我们依赖并顺从于这些消极的情绪并任其发展，那么肯定会有人为此变得自暴自弃。这个时候，我们就被这些消极的"感情"所伤害。

但是，即使是消极的"感情"，我们也可以将其转化为积极行动的动力，这就是"升华"。

我在前文当中介绍的那位朋友通过痴迷戏剧而成功地克服

了对游戏的依赖。换言之，他使"想要玩游戏"的这种欲求得到"成长（升华）"。

实际上，对于我们每个人而言，从婴幼儿成长为儿童，从儿童成长为青少年，从青少年成长为成年人，每次改变立场的时候，我们都会使自己的欲求得到"升华"。

我们还是婴幼儿的时候，会玩玩具娃娃。我们在变成幼儿后，会喜欢在游乐场里面玩。当我们成长为青少年后，我们会沉迷于对恋爱的憧憬中。我们在长成大人后，会努力在工作中表现自己，在工作中体现自己的人生价值。但是这些并非都是单纯地依靠我们自身来实现"欲求"的升华，而是由"下属们"为了迎合已经发生改变的环境，才使我们的欲求得到"升华"。因此在不知不觉间（无意识地），你失去了对玩具娃娃的热情。

换句话说，你的身上已经有很多升华欲求的成功经验。这些都证明了你本身就具有可以使欲求得以"升华"的能力。

在前面我曾经提到过——不仅仅局限于"习惯"，我们在想要改变任何事物的时候，就必须要有意识地去做那些"下属们（无意识）"做过的事情。

想要使欲求得到"升华"，同样也必须遵循这一道理。在此之前，所有的"升华"都是由"下属们（无意识）"完成的，现在我们要有意识地去完成这些"升华"。

从这一层面来讲，"意识"需要认真观察"下属们"是如何使你成长的，然后学习和掌握这些使自己成长的方法。

创造出能够顺其自然地与"无意识"共存的系统

我在前文介绍了如何将劣质的"养分"转变为高质量"养分"的方法，其实这就是一种"升华"。当我们把"愤怒"作为实现理想的动力来进行灵活使用的时候，其质感也会发生变化。

时至今日，我依然能够感觉到自己存在许多不足之处。但是，我并没有被这种认识所击垮，而是暗暗地发誓："正是因为这些事情的存在，我才能够变成一个更优秀的人！"因此，我会告诫自己要正直诚实地生活。这样一来，我能够深切地感受到一股力量涌上心头。虽然这可能是主观的想法，但是我确实能够切实体会到那些"自我否定"的"养分"正在逆流而上，转变为促使自己进步的"养分"。

我在前文中提到通过将"思考的内容"转变为其他的事情来促使"思考""感情"和"身体"发生变化，但是，这些并不是"升华"。"升华"是指那些消极否定的想法，为"养分"供给打开一个突破口。如果不良少年将"怒气"转化为拳击所需要的"力气"，那么他有可能成为世界拳击冠军，如图3-8所示。

关于"升华"的实现方法，我将在第5章为大家介绍。

消极的"感情"　→　转变为积极肯定的行动

关于"升华"的示例（趣味篇）

阅读并研究"游戏攻略"　→　研究对"下属们"的管理

喜欢军事战争漫画　→　开始阅读历史小说

图3-8　"升华"示例

第 4 章

「改写」大脑程序

所谓"大脑程序",究竟指的是什么

在本章中,我将为大家介绍关于"改写大脑程序"的基础知识,目的就是让大家在第5章能够顺利地使用那些用于"养成习惯"的办法。

"习惯"虽然是"大脑程序"的一部分,但作用却不同。在本章中,为了让大家更容易地了解"大脑程序"所具备的特征,我将尽量避免使用"习惯"。因为"大脑程序"和"习惯"这两个词之间存在着微妙的差异。

从第1章到第3章,大家完成了多个训练任务。相信大家也一定能够完成"国王"的此项任务——对已经过时的"大脑程序"进行修正。

"大脑程序"是由"下属们(无意识)"自主推进并运作的,我们如果与"下属们"处于同一水平的话,那么是无法对其进行改变的。如图2-2所示,如果想要顺利地对"大脑程序"进行改写,那么就有必要站在比"下属们"高的水平来使用我们的改写方法。

比如"极度讨厌学习"是由"大脑程序"创造的一种"习

惯"。我们都明白，在这种状态下，虽然我们为了变得喜欢学习做出各种各样的努力，但实际上这是很难实现的。"大脑程序"与"思维""感情"和"身体"紧密地联系在一起，共同发挥作用。在极度讨厌学习的情况下，我们会出现"学习是件很困难的事情"这样的想法（"思维"）；与此同时，出现对学习的厌恶感（"感情"）；最后出现"身体"反应——抗拒学习，或者觉得过度无聊而犯困。因此当我们对"大脑程序"进行改写的时候，必须从"讨厌学习"这一"大脑程序"中脱离出来，在降低"思维""感情"和"身体"所带来消极影响的同时来采取相关措施。换言之，我们必须处于"意识→思考"这种状态中。具体而言，就是我们必须从"能够进行自主选择的意识"出发来完成改写"大脑程序"的任务。

"大脑程序"的真实面目是"过去的记忆"

一旦"大脑程序"进行模型化的处理，那么就会存在各种各样的弊端。关于这一点，我在前文中已经进行了详细论述。比如，患有"恐犬症"的人在脑海中只会浮现"狗=危险"这样的一个模型。

接下来我将揭开"大脑程序"的神秘面纱。

如果我们用一句话来概括"大脑程序"的话，那就是"过去的记忆"。

患有"恐犬症"的人在看到狗之后会双腿发抖，身体也变得紧张、僵硬起来。但是如果没有"被狗咬过"这种记忆，那么这种反应是不会出现的。

即使已经过去了十多年，被狗咬伤过的人仍然觉得狗很恐怖。这说明被狗咬的记忆能够长期引起我们出现这种反应。

这是因为我们看到狗时，是蒙着过去记忆的"面纱"来观察狗的，图4-1完美地呈现了这一过程。如图4-1所示，我们蒙着"过去记忆"的"面纱"对狗进行观察。

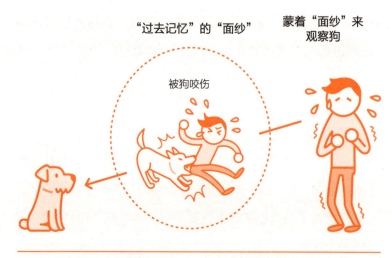

图4-1　蒙着"过去记忆"的"面纱"来观察狗

"无数个记忆"和"代表性记忆"

在前文中，我举过这样的例子——有人因为生吃牡蛎而引发了食物中毒，在后来的生活中，他再也不吃牡蛎了。

假如某个人在30岁之前，特别喜欢并且经常津津有味地吃大量的牡蛎，但是到了31岁的时候，却因为牡蛎引发的食物中毒而变得不再吃牡蛎了，这种情况下，在这个人的脑海中一定存有无数个关于津津有味地吃牡蛎的记忆。

顺带说一句，我们的大脑就像电脑的硬盘一样，可以将所体验过的事情全部保存下来，甚至也可以保存那些必须借助特殊方法才能回想起来的事情，比如胎儿时期的记忆。

如果只因一次食物中毒就不再吃牡蛎，那么说明比起那些无数个津津有味地吃牡蛎的"记忆"，单纯一次的食物中毒所形成的"记忆"具有更大的影响力。在这里我们需要明白，"记忆"拥有两种类型：一种是没有影响力的无数个记忆，一种是具有影响力的一次性记忆。

在这本书中，我们将"没有影响力的无数个记忆"称为"无数个记忆"，将"具有影响力的一次性记忆"称为"代表性记忆"（图4-2）。

当然，"无数个记忆"中的无数并不是单纯的数字，它是一种比喻，代表庞大的数目。

"代表性记忆"指的是代表了无数个记忆的某个"记忆"。

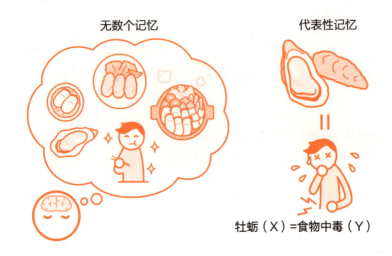

无数个记忆　　　　　代表性记忆

牡蛎（X）=食物中毒（Y）

图4-2　"无数个记忆"和"代表性记忆"

另外，这里所说的"代表"与"模型"存在关系。

"大脑程序"="代表性记忆"

假设某个人在31岁的时候经历了食物中毒，后来看到任何种类的牡蛎都会觉得恶心，那么我们只能认为他将牡蛎当作一种能够引起消极情绪的食物。

在这里需要明白，虽然我们的脑海中有无数个"记忆"，但是能够被选出作为"面纱"来使用的记忆只能有一个，那么这个被选择出来的唯一的"记忆"就可以代表事物的价值了。

一旦这种记忆能够代表事物的价值，那么我们就可以用

"X=Y"这个模型将其表示出来。那么在这一案例中，我们就可以将其表述为"牡蛎（X）=食物中毒（Y）"。这样我们就能明白在"代表性记忆"与"模型"之间存在某种关系。这个人一定有着无数个食用牡蛎的体验，但无论在何种场所食用了何种味道的牡蛎，最后都会形成"牡蛎（X）=食物中毒（Y）"这个模型。该模型一旦形成，那么在以后的人生中，只要一见到牡蛎，他就会按照模型的要求做出相应的反应。"代表性记忆"的形成过程如图4-3所示。

如果将这种"代表性记忆"翻译为我们的日常语言的话，那么我们可以将其称为"印象"。

比如我们评价某些演员时会说"对他的印象很好"或者

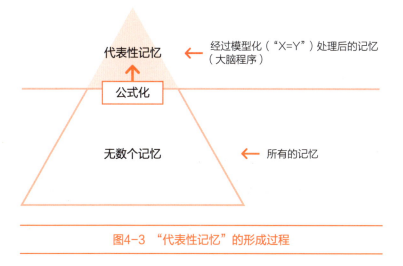

图4-3 "代表性记忆"的形成过程

"对他（她）的印象很差"。

在我创作这本书的日子里，曾发生过某位知名男演员和一名女演员发生了婚外恋的事情。当时，这件事情成了一个大家都在关注的话题。这名男演员（称他为A先生）曾出演过许多广告片，因此我对他很有好感。但是得知他的婚外恋事情之后，我对他的印象就一落千丈。

在此之前，我对A先生的印象非常好，这说明我的"代表性印象是好的"——从关于A先生的"无数个记忆"中选择出来的"代表性记忆"是一个"好的记忆"。但是，认为婚外恋是可耻行为的那些人在看到这种丑闻后，对A先生的"代表性记忆"发生了改变。越是在丑闻中受到巨大伤害的人，其"代表性记忆"改变得越彻底。

"大脑程序"由"强烈影响（强度）"和"反复（次数）"组成。因为"代表性记忆=大脑程序"，所以一旦出现强烈的影响就会引起"代表性记忆"的改变。

得知婚外恋丑闻后，我们对A先生的"代表性记忆"被替换为"搞婚外恋的演员"这种负面印象。有这种"印象"的人看到A先生之后，一定会产生厌恶感。

当然，我并不是要维护A先生，从实际出发，A先生确实存在着温柔、值得信赖、开明、帅气等美好方面。虽然这些都是A先生带给人的印象，但是一旦"代表性记忆"转变成"负面印象"的话,那么就会让人形成"A先生(Ｘ)=不道德(Ｙ)"的模型。

这就是印象发生了改变。换言之,这就是由"代表性记忆"的改变所引起的变化。

修改"大脑程序"

体验"代表性记忆"

所谓"大脑程序"指的就是"记忆"。但是,并非所有的记忆都能成为"大脑程序",只有其中某个"代表性记忆"才会变成"大脑程序"。这样一来,我们就可以稍稍地揭开"大脑程序"的神秘面纱,使其露出本来面目。但我们想要改变什么事物的时候,就必须采取一系列的措施,尽可能地使其具体化,就像能将其放在手上触摸那般。

比如我们单纯依靠"心脏疼痛"一个症状是不明白应该采取何种治疗措施的。只有我们切实地明白心脏的整体变成了何种样子,哪一部分出现了什么样的损害之后,才能够明白该如何进行治疗。

尽管如此，"代表性记忆"这一词语仍然显得十分抽象且难理解。如果我们想要对"代表性记忆"这一词语进行替换，那么就必须将其放在手上轻轻地触摸。在这里，我请大家对某个"代表性记忆"认真地进行回忆（感受）。

让我们进行一个简单的实验，来寻找"代表性记忆"的真实面目。

你能在脑海中回忆"富士山"的形象吗？（请大家在十秒内切实在脑海中回忆富士山的形象）

或许大家会觉得这项任务十分简单。

但是就正在阅读这本书的各位而言，在你们的脑海之中所浮现的形象应该会有微妙的差别吧。其实这是能够理解的事情，你的脑海中所浮现出来的是你自己对富士山所形成的记忆。不同的人关于富士山的记忆是不同的，因此浮现来的富士山的形象自然也就不同了。想必大家都能明白这一点。

比如，住在山梨县的人和住在静冈县的人脑海中所浮现的富士山的形象一定是不同的。因为富士山十分有名，所以应该有很多人都看到过富士山的照片。

我每个月大概乘坐4次新干线，往返于东京和大阪。截至目前，我看到富士山的次数大概高达两千次了。在休假的时候，我也曾去过静冈县和山梨县，因此关于富士山的各种记忆都储存于我的脑海中。但是如果有人对我说"请你在脑海中浮现富士山的形象",我仍然只会想到一个形象。

想必很多人被要求在脑海中浮现富士山的形象之时,都会引导意识关注富士山,并且条件反射地在脑海中浮现某个印象。

此时,于大多数人而言,他们并没有有意识地想在各种各样关于富士山的记忆当中选择"这个富士山吧"之类的想法。实际情况是他们在没有任何思考时间的情况下,条件反射地浮现某一个景象。这种不经过任何思考,直接做出某种反应的情况叫作"无意识"。

这样,我们在想要浮现某种事物形象的时候,会无意识地浮现一个具有象征性意义的记忆。我们把这个记忆称为"代表性记忆"。

代表性记忆的真实面目就是脑海中的"五感信息"

在前文中,我请大家在脑海中浮现富士山的形象,富士山的形象其实就是存在于大家脑海中的记忆。对于大多数人而言,这种记忆伴随着某种印象(视觉)。另外,如果某个人在脑海中浮现从新干线中看到的富士山,那么这种记忆极有可能会掺杂着新干线奔驰时所发出来的"咣咣"声。或许有人会再次感受到初见富士山时所产生的那种震撼。这就是"身体感觉"所提供的"信息"。

由此，我们可以明白，"记忆"就是储存在我们脑海中的"五感信息"。

由于"代表性记忆"属于"记忆"的一种，其也是由"五感信息"组成的。

由于"代表性记忆"是由"五感信息"组成，我们可以尽可能地使其具体化，达到可见、可听、可感受的程度。

"良好印象"与"不良印象"的差异

"代表性记忆"和"印象"是同等关系。我也介绍了某位男演员因为婚外恋而导致大家对他的印象由好变坏的事例。当对这名男演员的印象变差的时候，我们看到该演员时，做出的反应也会有所变化。

比如，当你看到喜欢的人时，就会产生浓浓的幸福感。但是当你遇到那些在你心中印象很差的人时，就会产生厌恶感。换言之，我们可以通过身体的感受来判断对一个人的印象的好坏。

那么，引起不同反应的印象之间有什么差别呢？为了弄清楚这一问题，我们对印象（代表性记忆）的差异进行具体化处理。因为"代表性记忆"由"五感信息"组成，所以"良好印象=好的五感信息"，而"不良印象=坏的五感信息"。"良好印象"和"不良印象"如图4-4所示。

　　构成"良好印象"的"五感信息"是明亮的、彩色的，而构成"不良印象"的"五感信息"是阴暗的、黑白的。关于这一点我们将在后文中详细介绍。我们在形容"不良印象"的时候，总是倾向于使用一些会让人产生厌恶感觉的色彩和声音。所以在这里希望大家能够记住色彩和声音会对"印象"产生极大影响（图4-4）。

图4-4 "良好印象"和"不良印象"

"代表性记忆"的替换＝"面纱"的改变

　　在前文中我曾经提到过"过去的记忆"就是"面纱"。因为

"大脑程序=代表性记忆"，所以我们可以将"代表性记忆"当作"面纱"，从而披着"代表性记忆"的面纱对外部的世界进行观察。

比如患有"恐犬症"的人会隔着被狗咬的记忆的"面纱"对狗进行观察，具体表现如图4-1所示。这其实是带着"狗=危险"这种先入为主的观念来对狗进行观察。

改写"代表性记忆"指的是什么呢？通俗易懂地讲，指的是通过其他"代表性记忆（面纱）"来对狗进行观察，如图4-5所示。

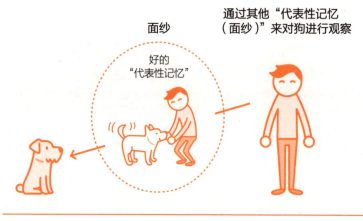

图4-5　改写"代表性记忆"

"代表性记忆"可以非常容易地被改变

或许会有人怀疑："像这种如同儿童简笔画一样的东西会有效果吗？"实际上，如果大家能够做到的话，那么"代表性记忆"就会瞬间发生较大改变。但是，如果我们想要达到这种效果，就必须要掌握以下方法。

1）找到代表性记忆的方法。

2）改变代表性记忆的方法。

其中，意识到代表性记忆的方法非常简单。之前让大家在脑海中想象富士山的形象，就是这种办法。

对于任何事物，我们的脑海中都存在着能够代表该事物的印象。这些事物可能是喜欢的演员或者宠物，也可以是学习和工作等一些抽象的概念。之后，我们引导"意识"关注于此，脑海中所浮现的该事物的印象就是"代表性记忆"。

当然，为了让"代表性记忆"更为清晰，我们需要增加一些其他的步骤。关于这一点，我将在后文中进行详细论述。但是，就像大家能够简单地在脑海中浮现出富士山的形象那样，意识到"代表性记忆"也是一件非常简单的事情，改写"代表性记忆"也是一种非常简单的工作。接下来我们进行一个简单的实验。

请将脑海中的富士山形象改变成粉红色。

会发生什么呢？想必大家都能容易地做到这一点吧。

当然，想要改写消极的"大脑程序"需要完成数个步骤。但是，我希望大家在这里认识到这一点：所谓的"代表性记忆"不过是脑海中的一种印象，它是很容易就可以改变的。

在我们介绍改变代表性记忆的方法之前，先分析"无意识"和"记忆"的特征。

所谓"记忆"就是"印象"

"看电影"和"在脑海中观察'印象'"之间的共同点

"五感信息"包含着对实物进行耳闻目睹时所产生的信息。假如我们面前出现了一条狗，我们会使用眼睛、耳朵、鼻子、手等来对其进行全面的认识。

我在前文中曾经提到过，"代表性记忆"就是存在于脑海中的"五感信息"。

在脑海之中对事物进行观察的行为与我们看电影的体验是一样的。

我们在看电影的时候，实际上是在观看放映在屏幕上的影像。当然，电影中的人物和场景不可能出现在我们面前。我们所看到的不过是连续不断地放映在屏幕上的二次元平面映像。

实际上，是那台放置于放映室的投影仪所发射出来的光线投射到屏幕上的影像。

当然电影都是不真实的，但是我们在看电影的时候，有时会感动不已，有时又会产生切肤之痛。并且，此时的"意识"（作为"国王"的你）虽然能够意识到这些都不是此刻真实发生的，但仍然会产生非常强烈的反应。

那么，当我们在脑海中浮现"记忆"的时候，情况又是如何呢？与看电影一样，我们也只能在脑海中对某些"印象"进行观察，不能将其当作存在于我们眼前的实物。

同电影一样，存在于我们脑海中的并不是实物，只不过是一种"映像（印象）"而已。

但即使这样，我们仍然会像看电影那样做出一系列的反应。患有"恐犬症"的人一旦在脑海中浮现狗的形象，会立刻变得紧张，如图4-6所示。

依赖并顺从于"无意识"的原因

尽管我们都明白"电影"和脑海中的"印象"都不是真实发生在我们眼前的事物，但仍然会做出一系列的反应，仿佛实物就在我们眼前。这是因为存在一条法则——我们的"下属们（无意识）"无法区别"现实"和"印象"。

当我们感到肚子非常饿的时候，一旦看到烤肉店的广告，

看电影
=对脑海中的"印象"进行观察（并非真实发生在眼前的事物）

回想
=在脑海中对"印象"进行观察（并非真实发生在眼前的事物）

图4-6　我们会受到来自"印象"的影响

嘴里就会自动地分泌出唾液。此时，我们的眼前并非出现了真正的烤肉，但是我们的身体还是做出了相同的反应，就像烤肉真的出现在我们眼前一般。换言之，尽管"意识"已经了解到这是一个"谎言（假象）"，但是"下属们（无意识）"仍然觉得这就是实物本身。

当看电影或广告的时候，从"意识"的角度来讲，虽然已经注意到这只不过是虚幻的，但是"意识"仍然会被卷入这个虚幻的世界，仿佛置身于现实生活一般。之所以出现这种情况，是因为"下属们（无意识）"具有绝对压倒性优势。

在前文中，我已经讲过"意识就是拥有很多国民的国王"。假如只有国王一个人意识到某事物是虚假的，而国民——换言之,就是你的眼睛、耳朵和手等——都错误地认为这就是真实事物,那么作为孤家寡人的"意识"只能被迫卷入到这个世界当中,也开始错误地感觉到这就是真实存在的事物。

这样,当"无意识"无法区分"现实"和"印象"之间存在的差别时,你也会同样将印象当作现实。这样一来,我们就变得顺从于"无意识"了。

让我们深陷痛苦的不过是"印象"而已

当我们回想起过去发生的心酸事时,仿佛觉得这种体验正在发生那般真实。在这种情况下,即使是20年前发生的事情,如今仍然像是正在眼前发生一般。

但是,我想要明确的是,我们并不是从真正发生在眼前的事情中感到痛苦,只不过是对脑海中的"印象"做出相应的反应而已。因为"无意识"无法区分"现实"和"印象"之间的差异。

有时我们会见到一些患有焦虑症的人。这些人在日常生活中,会对那些发生概率极低的事情感到过度恐惧。

当你看到这种感到极度不安的人时,很有可能会安慰他们:"这些只不过是杞人忧天""这些都是幻觉"。

其实我们都明白,之所以当事人会陷于"印象"的世界中无法自拔,感到痛苦万分,是因为他们迷失在印象的世界中,视野变窄了而已。但是，当这种事情一旦发生在自己身上，我们同样也会错误地将印象当作现实。

在现实生活中，脑海中的"印象"并不会真的加害于你，"印象"只不过是幻影而已，因此无论如何我们都可以使其发生改变。

"代表性记忆"是"记忆"的一种，因此它也只不过是脑海中的"印象"（"五感信息"）而已。从这一层面来讲，我们很容易将"代表性记忆"改变。

你可以对印象进行修正

假设你正在看电影，此时电影中出现了一个令你不甚满意的镜头，但你没有电影的修改权限。拥有这一权限的人只有电影导演。

但是，存在于你脑海之中的"印象（五感信息）"可以通过你来完成改变。因为你就是最权威的"国王"。假设你遇到一个很难相处的人（称他为B先生），可能会觉得是因为这个人的性格很差，所以才很难相处。但实际上，是因为你对B先生的"代表性记忆"是很难相处的，因此，才会觉得B先生是个很难相处的人。

这意味着，与其分析"性格很差"这种人物特征，不如认真研究唯一的"代表性记忆"是由哪些元素组成的。

"性格很差"不仅拥有具体的印象，而且当我们用语言表述时，是可以对其进行翻译的，如图4-7所示。

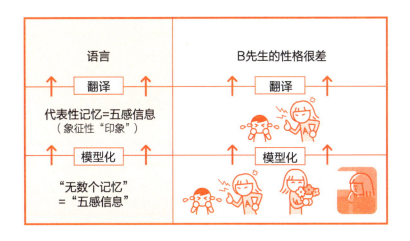

图4-7 "语言"对"代表性记忆"的翻译

因为"记忆"是投射于脑海中"大屏幕"上的"印象"，所以我们可以将其当作照片来处理。每一个记忆都是一张照片。

这样一来，当遇到印象很差的人（B先生）的时候，我们就会从无数个关于这个人的"照片"中选择最差的一张"照片"来作为"代表性记忆"。但实际上，即使是极其讨厌的人，我们的记忆中也留存着他们亲切的一面。

当我们能够把"代表性记忆"替换为令人喜爱的C先生的照片时，那么就会对原本感觉很难交往的B先生变得不像以前那般在意了。可能大家不会很快相信这是真实的，但事实确实如此。

改写"代表性记忆"（基本篇）

调节"代表性记忆"的亮度

在前文中我已经讲过，当我们接触某人或某件事情时，"代表性记忆"会促使某种反应产生。"代表性记忆"主要由"五感信息"中的"映像"和"声音"来构成，因此"映像"和"声音"的质量在很大程度上决定了"反应"的质量。其中，产生最大影响的是"映像"，所以本书的重点是通过印象来调节代表性记忆。

那么究竟要改变"映像"的哪一部分才能够使"反应"产生较大变化呢？关于这一点，我想做一个实验。

首先，我们从调节"代表性记忆"的"亮度"开始着手。请大家认真完成任务9——调节"代表性记忆"的"亮度"。就像请大家把自己脑海中的富士山的形象变成粉色那样，调节"亮度"操作起来十分容易。很多情况下，亮度越高，心情就越愉悦。相反，亮度越低，心情的愉悦程度越低。

即使是相同的事情，其在脑海中的"映像"一旦发生改变，相应的"反应"也就自然而然地发生变化。

我们要提前做好两件事情：①调节"记忆"相对应的"映像"；②在调节"映像"之后，身体感到反应会发生改变。

我在前文已经提过，通过有意识地使用"五感信息"和"语言"就可以顺利地完成"大脑程序"的改写任务。在这里所介绍的关于脑海中"五感信息"的操作就是改写"大脑程序"最简单的方法。这也是有意识地使用"五感信息"的具体体现！

任务9

调节"代表性记忆"的"亮度"

❶请大家在脑海中回想"愉悦体验"的具体表现。

当"愉悦体验"浮现在你的脑海中时，一定是模糊不清的吧？对应着这些"愉悦体验"，我们的脑海中一定存在着某些"映像"。既然是"映像"，一定有"亮度"。

❷就像调节电视机屏幕亮度那样，请大家调节脑海中的"映像"。想要将该"映像"调节到理想的"亮度"，需要10秒左右。请大家尽情享受这段"愉悦体验"。

❸请大家将调节好的"映像"的"亮度"逐渐调暗，直至几乎

看不见为止，这个过程大概需要10秒钟。请大家对这段"愉悦体验"进行认真观察。

❹ 将已经变暗的"映像"的"亮度"再次调高，将"亮度"调节至实验开始的时候那样。这个过程大概需要10秒钟。请大家尽情地享受该"映像"。

完成任务9的诀窍——保持模糊的印象即可

"代表性记忆"不过是一种"印象"而已。因此，对"代表性记忆""映像"亮度进行调节其实就是一种"印象"训练。

在这里，我将要告诉大家关于"印象"训练的重要诀窍——在头脑之中描绘的"印象"只需保持模糊状态即可。假设实物的清晰度为100%，那么我们只需要保持5%的清晰度就可以了。

在进行任务9的过程中，大家可能会想起那些不愉快的往事，但就这些往事而言，哪怕只是保留了一些模糊的印象，我们的身体也会做出充分的反应。

如何控制"不愉悦体验"

这次，我们运用同样的方法对"不愉悦体验"进行调节。

我们在对"愉悦体验"进行亮度调节的时候，已经明白了这一道理——亮度越高，心情越愉悦；亮度越低，心情愉悦的程度就随之降低。换言之,"代表性记忆"的亮度越亮,感情的冲击力越强;越暗,感情的冲击力越弱。因此,为了减少"不愉悦体验"所带来的消极感情,我们需要调低脑海中"代表性记忆"的亮度,没有必要使其亮度变高。

调节"不愉悦体验"的亮度,这种方法在我们的日常生活中非常有用。

那些我们并不想回忆的"不愉快体验"可能会突然浮现在我们脑海中,此时,"亮度"的调节将会发挥作用。

但是,主题的不同,调节"亮度"的策略也不同。

比如,我们早晨起床时,脑海中很可能浮现和"学校"或者"工作"相关的负面印象。一旦这样,我们就抗拒起床了。

在这种情况下,如果我们将关于"学校"和"工作"的"印象"的亮度调节低,那么抵触的心理就会被增强,"负面印象"会被强化。此时,如果能将其"亮度"调高,那么我们会感到更快乐些!让我们一起执行任务10——对"不愉悦体验"的"亮度"进行调节。

任务10
对"不愉悦体验"的"亮度"进行调节

❶请大家在脑海中回想"不愉悦体验"的具体表现。对应着这

些"不愉悦体验"，我们的脑海中一定存在着某些"映像"。
当这些"映像"浮现在你的脑海中时，一定是模糊不清的吧?!

❷请大家将该"映像"的"亮度"逐渐调暗。在引导"意识"
关注感情的冲击力减少了多少的同时，将其"亮度"调节至
几乎看不见的程度。

调节"印象"的"大小"

脑海中的"印象"不是只具有"亮度"这一特征。接下来，
让我们尝试对它的"大小"进行调节，具体步骤见任务11和
任务12。

很多情况下，"印象"变大的话，感情的冲击力也会变大；
"印象"变小，其反应也会变小。

当对"印象"的"大小"进行调节时，根据主题着手会产
生更好的效果。

比如，我们将"印象"的范围扩大到非现实状态的话，那
么现实感就会变弱，厌恶感也会随之消失。前文中所讲述的关
于"亮度"的调节也是一样的。但是在对"亮度"进行调节的
过程中，由于主题不同，有时会出现相反的效果。因此，请大
家反复地进行实验，掌握调节的技巧。

对"代表性记忆"的"大小"进行调节

❶ 请大家在脑海中再次回想"愉悦体验"的具体表现，然后将其逐渐扩大。要将该"映像"调节至理想的"大小"，大概需要10秒。请大家尽情享受这个过程。

❷ 请大家逐渐缩小已经调节至理想大小的"映像"。想要将该"映像"的"大小"调节至合适的程度，这个过程大概需要10秒。请大家认真地对这段"愉悦体验"进行观察。

❸ 再次将已经变小的"映像"进行扩大化处理。将"大小"调节至实验开始的时候那样，这个过程大概需要10秒。请大家尽情地享受该"映像"。

对"不愉悦体验"的"大小"进行调节

❶ 请大家在脑海中回想"不愉悦体验"的具体表现。对应着这些"不愉悦体验"，我们的脑海一定存在着某些"映像"。当这些"映像"浮现在脑海中时，一定会出现"心情变差"等反应吧?!

❷ 当不愉快的心情出现之后，请大家逐渐缩小该"映像"。需

要注意的是，在调节"大小"的过程中，需要引导"意识"关注感情的冲击力减少了多少。

增加"可调节项目"

至此，我已经请大家尝试对"印象"的"亮度"和"大小"进行调节了。当然，改变的方法肯定不尽相同，效果也会因人而异。既有人会通过"亮度"的调节来减少厌恶之感，也有人通过缩小"印象"来使自己变得轻松。

重要的是你要反复地进行这些练习，以发现那些让你有效地控制消极反应的"印象"调节法。

为了实现这一目的，我们有必要尽可能详细地列举出需要调节的项目。

我为大家总结出关于"视觉信息"的详细项目，具体如下。就像我们刚刚对"印象"的"亮度"和"大小"进行调节那样，这些项目也能够得到调节。

①亮度：使"映像"变亮或者变暗。

②大小：扩大或缩小关注的事物（人）。

③位置：将关注的事物（人）的位置调至偏左或偏右。

④色彩：将图像的颜色从全色调整至黑白。

⑤距离：把关注的物体（人）带至眼前或使其移动至远处。

⑥深度：将关注的物体（人）做成像照片一样平面或者对

其进行立体化处理。

⑦鲜明度：使画面变得清晰明朗或模糊不清。

⑧动态：可以将其调节为活跃的动态影像，也可以调节成静止的画面。

⑨纵横比：将画面纵向拉伸或者横向拉伸。

⑩速度：动态影像的情况下，可以加快其速度，也可以采取慢动作。

⑪前景和背景：对所关注的物体（人）和背景之间距离进行调节，或者更换前景或背景。

⑫背景的颜色：将背景的颜色调节成暗淡的色彩或者艳丽的色彩。

⑬附加其他道具：让人物戴上花环或者米老鼠耳朵造型的饰品。

就像调节"亮度"和"大小"那样，究竟哪一个项目会更有效果呢？只有大家亲身实践之后，才能得到答案。

那么接下来就请大家进行练习，以此来发现哪一个项目会给你带来最大的变化。

改写"代表性记忆"（实践篇）

改写"代表性记忆"的步骤

请大家通过任务13来练习改写"代表性记忆"的方法，按照先"意识"到"代表性记忆"，再调节"代表性记忆"的顺序，操作过程和任务9相同。

"意识"到"代表性记忆"指的是当我们引导"意识"关注任务13的主题时，会在脑海中自动浮现"五感信息"。

调节"代表性记忆"指的是按照任务9的步骤对"印象"的"亮度"和"大小"进行的调节。

那么，我们从"意识"到"代表性记忆"开始着手吧！

在任务9和任务11中，我们对"愉悦体验"的"亮度"和"大小"进行了调节。在这里，我们首先要做的是让调节后的"愉悦体验"的"代表性记忆"变得更为精确。

按照"任务13"的项目逐条进行确认。请大家参考图4-9，然后填写任务13中的表格。

在任务9和任务11中，当我们对"亮度"和"大小"进行调节时，想必有很多人没有注意到"这些画面是静止的还是动态的""其位置是偏左还是偏右"等因素。**因为人们只会注意那些"意识"所关注的事物（此处指的是看到的事物）。**

　　很多人可能根本不知道"代表性记忆"为何物，因而，他们也不会注意到"代表性记忆"的存在，更不会产生要对其进行调节的想法了。"代表性记忆"的示例如图4-8所示，可能

父亲的"代表性记忆"

单手拿着啤酒，
一脸费解地阅读着历史小说

不擅长学习的"代表性记忆"

眼前是一片雾蒙蒙的状态

海外旅行的"代表性记忆"

蓝蓝的天空、飞翔的飞机、
大大的行李箱

准备考试的"代表性记忆"

戴着眼镜伏案学习至深夜

图4-8　关于"代表性记忆"的示例

也会有很多人认为，在本书中所进行的"亮度"调节就是对"代表性记忆"进行调节的首要步骤。另外，只对"代表性记忆"进行模糊观察的话，那么很难注意到那些细微的印象，因此能够改变的项目就会受到限制。比如在任务10中，有人会将"难以相处的人"作为主题。如果他没有引导意识去关注那些细微之处（比如鞋子），那么他也不会留意这些细微之处，更不会对其进行改变。为了能够改变"代表性记忆"中更多的部分，我们必须引导"意识"关注更细微的项目。因此，任务13中所设定的各式各样的项目就能发挥作用了。

任务13

引导意识关注"代表性记忆"的"视觉信息"

图4-9　关于"愉悦体验"的"视觉信息"的示例

请填写"愉悦体验"的"代表性记忆"所具备的特征，如表4-1所示。

表4-1　"愉悦体验"所具备的特征

"代表性记忆"的项目	"代表性记忆"的特征 （比如：距离……前方3米的可见位置）
亮度	
大小	
位置	
距离	
动态画面还是静止画面	
整体还是部分	
背景的颜色	
彩色还是黑白	

"意识"到"代表性记忆"：尝试对"代表性记忆"的"视觉信息"进行比较

我们填写表4-1后，接下来要做的是对"不愉悦体验"的"视觉信息"进行可视化处理（任务14）。在这里，我请大家先明确一下"愉悦体验"和"不愉悦体验"的"视觉信息"之间的差异。通过这种方法，我们就可以意识到在脑海中对"愉悦体验"和"不愉悦体验"的体验方式有何不同。

"代表性记忆"的"印象"表明了脑海中的"个性化体验"所具备的特征。就像"恐怖的事物=黑色"这样，并没有一个放之四海而皆准的统一标准。对不同的人而言，黑色也有可能

131

是幸福的象征。因此，我们需要对各种各样的"代表性记忆"进行调查，然后发现适合自己的"代表性记忆"的特征。这是十分重要的事情。

在我的熟人之中，有个人将"愉悦体验"的大部分放置在右侧，将"不愉悦的往事体验"的大部分放置在左侧（图4-10）。之后我请这位朋友将"不愉悦的往事体验"从左侧移动到右侧之后，他的不愉快感就大大地得到了缓和。

就像我之前反复强调的那样，当我们想要改变什么事物的时候，就必须要采取一系列的措施，尽可能地使其具体化（可视化），就如同能将其放在手上触摸那般。

任务14
引导意识关注"不愉悦往事"的"代表性记忆"所具备的"视觉信息"

请填写"不愉悦的往事"的"代表性记忆"所具备的特征（表4-2）。

调节"代表性记忆"：对"反应"的变化进行数值化处理

在前文中，我们已经就"意识到'代表性记忆'"这一主题进

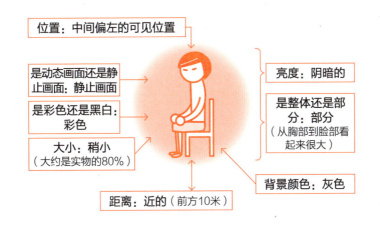

位置：中间偏左的可见位置

是动态画面还是静止画面：静止画面

是彩色还是黑白：彩色

大小：稍小
（大约是实物的80%）

亮度：阴暗的

是整体还是部分：部分
（从胸部到脸部看起来很大）

背景颜色：灰色

距离：近的（前方10米）

图4-10　关于"不愉悦的往事"的"视觉信息"的示例

表4-2　"愉悦体验"所具备的特征

"代表性记忆"的项目	"代表性记忆"的特征 （比如：位置……中间偏右的可见位置）
亮度	
大小	
位置	
距离	
动态画面还是静止画面	
整体还是部分	
背景的颜色	
彩色还是黑白	

行了探讨。接下来，让我们共同练习一下如何调节"代表性记忆"。

我们在任务9和任务11中对"亮度"和"大小"的调节是一样的。在这里，我们按照任务12中设定的项目，尝试对"不愉悦体验"的几个项目（除"亮度"和"大小"之外）进行调节。

在这里，我们需要查明**哪种项目会为我们带来更大的变化**。请大家从自己感兴趣的项目出发，尝试操作自己脑海中的"印象"。一般情况下，会产生明显效果的是"亮度""大小""距离""彩色—黑白的转换""动态画面—静止画面的转换"等。为了掌握改变的程度，"打分"是一个很好的办法，如图4-11所示。有时为了能够让印象发生较大的改变，我们可以让人物戴上米老鼠耳朵造型的道具，以此来提升效果（图4-12）。

需要注意的是，**不同的改变方式，有时可能会增加厌恶感**。一旦出现不良反应，请立刻还原到最初的印象。

调节"代表性记忆"：尝试同时改变三个项目

大家现在能够练习尝试改变与"不愉悦体验"的"印象"相关的各个项目了吧？

在脑海中对"印象"的操作怎么样了呢？既有能够使印象发生较大改变的项目，也有基本上没有什么效果的项目吧？

如果发现"印象"中的某个项目具有较高的影响力，那么大家可以反复地练习这个项目，以创造出更大的变化效果。比如，"改变颜色"→"将动态画面改变为静止画面"→"最后将距离调节至20米之外"，等等。特别是我们需要挑选出3个能够使"反应"在较大程度上得到缓和的项目，并尝试对这些项目

图4-11　调节"代表性记忆"的打分形式

进行改变。当然，挑选出3个以上的项目也没有关系（图4-12）。

在我们对"记忆"的"印象"进行反复地调节之后，该事件给你所带来的厌恶感得以减轻。我希望大家能够对这种厌恶感的减轻程度加以确认，因为我们对这个"不愉悦体验"的感知与以前相比已经发生了较大变化。

只要不是"恐惧症"之类的根深蒂固的东西，一般情况下都

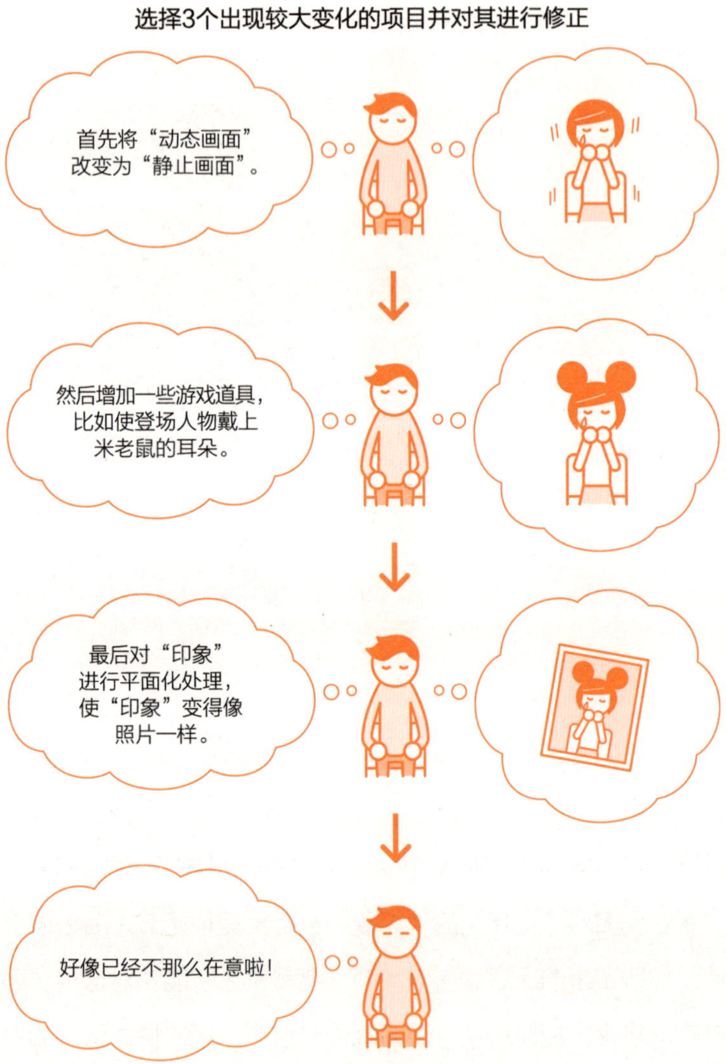

选择3个出现较大变化的项目并对其进行修正

图4-12　调节"代表性记忆"增加道具形式

是通过这种方法来改变"代表性记忆"。甚至通过反复的"印象"练习，我们可以创造出一个新的"代表性记忆"，并使其固定下来。

改写"代表性记忆"（应用篇）

通过使用133页的表，我们可以搞清楚"擅长的科目（事情）"和"不擅长的科目（事情）"的"代表性记忆"的"视觉信息"之间存在的差异。

我的某位朋友发现了这样一件事情：他可以非常清楚细致地看到"擅长的科目"的"印象"，但是当他观察"不擅长的科目"时，眼前就像起了烟雾一般，模模糊糊地看不清楚。我让他努力辨认清楚关于模糊不清的"印象"的细节部分，此时这种对不擅长科目的"恐惧抵触心理"就逐渐消失了。对他而言，产生这种"恐惧抵触心理"的原因就在于对"印象"的细节不够清楚，所以就感觉难以理解。

这样，我们在意识到"下属们（无意识）"创造的"大脑程序"的"印象"之后，就可以对其进行调节了。在大多数情

137

况下，正因为变得"无意识"，所以更能感觉到"意识"到这些事物的存在反而让人觉得更加有兴趣了。

对无法实现"习惯化"的"印象"进行改写

我通过具体的示例为大家介绍了"能够顺利实现'习惯化'的事情"及"想要实现'习惯化'却无法做到的事情"这两件事情的"印象"所具备的特征（图4-13）。同时，我为大家总结整理了对"想要实现'习惯化'但却无法做到的事情"进行调节的案例（图4-14）。

你想要养成某种习惯，却无法做到。究其原因，是因为"大脑程序"为此"上了锁"。

这种状态就是"因为不明白原因，所以什么都干不了"。

为了将那些很难实现"习惯化"的事情转变为"习惯"，首先我们要将存在于头脑之中的无意识的"锁（'代表性记忆'的'印象'）"进行可视化处理。之后我们使其逐渐靠近"能够顺利实现'习惯化'的事情（胜利模式）"的"印象"。通过这种方法，我们就可以很容易地展开行动（图4-13）。

因为"大脑程序"是由"五感信息"构成的，所以"胜利模式"是由独特的颜色和声音构建而成的。如果将其转变为"无法实现'习惯化'的模式（失败模式）"的话，那么我们就可以逐渐地接近"胜利模式"了。

"能够顺利实现习惯化的事情"的"代表性记忆"所具备的特征

去游泳培训班上课

动态：有节奏的运动
色彩：彩色的（蓝色＝喜欢的颜色）
色调：明亮的
距离：眼前位置，显得较大

"想要实现习惯化却很难做到的事情"所具备的特征

每天画一幅画

动态：静止画面
色彩：单色
色调：阴暗的
距离：小且远

图4-13 "可实现习惯化的事情"的"代表性记忆"与"不可实现
习惯化的事情"的"代表性记忆"之间存在的差异

将"想要实现'习惯化'却无法做到的事情（每天画一张画）"的"代表性记忆"调节为"能够顺利实现'习惯化'的事情（每天去游泳培训班）"的"代表性记忆"。

动态：使其有韵律地活动（特别有效）

颜色：使其变为彩色（多将其变成自己喜欢的祖母绿）

色调：使其变得明亮

距离：放在眼前，使其形象变大

声音：某种具有韵律感的收音机节目的声音（添加DJ的声音）

- 因为"节奏"十分重要，所以如果我们能够将"某种具有韵律感的收音机节目的声音"添加至"印象"的核心内容，效果就会增加

- 每天早晨起床后或者在实际动笔画画之前，努力在脑海中浮现上述"印象"，那么我们就能做到每天画一张画了。

图4-14 为了将"无法实现'习惯化'的事情"转变为习惯，而对其"代表性记忆"进行调节的案例

第 5 章

「改变习惯」

改变习惯的具体方法

养成习惯的三大方针

在本章中，我将把前文所介绍的理论转化为养成习惯的具体操作方法，使大家能够尽快将其应用到日常生活中。

首先，我要介绍的是养成新习惯的三大方针。

方针1　养成习惯必须熟练地掌握增强意志的方法。

方针2　为了养成新的习惯，必要时刻必须放弃不良习惯。

方针3　为了放弃旧的习惯，我们必须掌握将矛盾最小化的技巧。

方针1　养成习惯必须熟练地掌握增强意志的方法

所谓"意志"和"能够进行自主选择的'意识'"的表现是相同的。如果用本书中的语言来表达"意志"的含义，那就是"意识"。因此，所谓的"能够自主选择的'意识'"指的是一种能够自由且容易地发挥自我意志的状态。"依赖并顺从于'无意识'的'意识'"指的是自我意志变弱的状态。

读到此处，想必大家都已经了解我们人类是很容易就变得依赖并顺从于"无意识"的。我们在前文中介绍了用来实现"能够进行自主选择的'意识'"的方法。使用这种方法，我们勉强能够在一定时期内达到"能够进行自主选择'意识'"这一状态。这意味着具有强烈意志的人其实是非常少的。

但是大家是不是经常遇到那些"意志看起来十分坚强"的人呢？比如，我们经常用"工作狂"来形容那些生活中只有工作的人。我的熟人中就有很多是"工作狂"。他们会集中令人感到可怕的注意力来开展工作，甚至不眠不休。或许在他们看来，会觉得如果意志不坚定的话，那么无法集中注意力于工作上吧。

但是如果对他们进行认真观察，我们就会明白，其实他们并不是意志坚定，而是在他们的脑海中存在着"让他们埋头于工作"这一强有力的"大脑程序"。因此，与其说他们是"有意识的"，不如说是依赖于惰性而埋头工作（因为他们集中可怕的注意力来开展工作，因而，看起来完全不是那个样子）。对于他们而言，反而是在"决定停止工作去休息的时候"，才需要坚强的意志力。无论这些人的身体发出了怎样的"哀鸣"和"警告"信号，他们都是不会休息的。从这个角度来看，他们是意志薄弱的。

截至于此，我反复使用"能够进行自主选择的'意识'"这一表达方式。所谓的"能够进行自主选择的'意识'"指的是我们能够从"大脑程序"的束缚中获得相对的自由，从而处于一种能够很容易地发挥自我意志的状态。

之所以没有使用"意志"这个能够让大家很容易记住的词，而特意使用了"能够进行自主选择的'意识'"这种让大家难以习惯的表述，是因为想避免让大家产生错误的认识。换言之，一旦使用"意志"这个词，那么大家就有可能非常容易产生这样的错觉——那些"工作狂"所具备的不屈不挠的性格就是"意志"。

我们都知道，如果与"大脑程序"实现"同一化"，那么我们的意志会变弱。为此，我在前文中介绍了从"依赖并顺从于'无意识'的'意识'"中实现脱离"同一化"的方法。而这些方法，就是用来缓和"意志变弱"这一状态的。因此，为了成功地养成习惯，我将在本章节中告诉大家如何才能熟练地增强自我意志。

方针2　为了养成新的习惯，必要时刻必须放弃不良习惯

对于很多人而言，想要养成新习惯时会受到不良习惯的阻碍。比如，有些人想养成早睡早起的习惯，但是怎么也做不到。其原因是他有熬夜上网的习惯。因此，当我们无论如何都无法养成新习惯的时候，就必须放弃那些不良习惯。

方针3 为了放弃旧的习惯，我们必须掌握将矛盾最小化的技巧

在前文中我已经讲过，"无意识"组成"大脑程序"的目的是确保安全、安心及实现效率化。因为"习惯"也是"大脑程序"，所以"下属们（无意识）"为了能够将"意识"保持在最佳状态，会反复重复那些已经形成的习惯。

"自我改革"和"组织变革"是十分相似的。当某公司的竞争力下降时，公司的领导者就会向全体员工提议进行组织变革。但是如果强硬地推进变革政策，那么可能会引起职员们的抵抗，变革也就无法进行了。特别是仰仗过去的旧方法活跃在公司里的那些老员工，在放弃旧方法这一问题上会产生某种丧失感。

当"国王"想养成新习惯的时候，也会发生一模一样的事情。当你想要发生改变的时候，旧习惯（下属们）便开始抵抗。

如果你强硬地改变习惯，那么就会感受到"抵抗"，自身也会产生某种丧失感。这样一来，你就很难养成新习惯了。

如果"国王"过分地压制感情，那么感情就会抵抗。这样一来，"国王"就不能控制感情。因而，我们必须使"感情"得到完美的"升华"。在本章中我将为大家介绍两大内容：①如何利用包含"升华"在内的技巧来实现"习惯化"；②如何才能降低放弃旧习惯时所产生的丧失感。

减轻改变习惯时的"心理负担"

一天之内能够使用的"意志养分"是有限的

为了养成新的习惯，我们有必要熟练地掌握增强意志的方法。

在这里，我首先想让大家理解的是，我们在一天之内能够使用的"意志"是有限的。换句话说，"意志"和"养分"是一样的，如果持续使用就会枯竭。意志再怎么坚定的人也不会持续不眠不休地工作。一旦"意志"枯竭的话，那么就必须通过休息来为自己"充电"。

当我们身处疲劳状态时，更容易依赖并顺从于无意识。这个时候，我们就会不考虑任何事情，而是完全依赖"大脑程序"来展开行动。在这种状态下，我们是无法采取新的相关行动来养成新习惯的。

这样，因为意志是有限的，所以为了养成新习惯，我们必须要有效地防止意志的消耗，并且有必要熟练地掌握增强意志的方法。

那么，究竟是什么在消耗我们的意志呢？其中，最消耗意志的便是"心理负担"。"心理负担"并不是在实际生活中产生的可见可触的负担，而是脑海中思考的负担（内心感受到的负担）。换句话说就是"印象"。"印象"对我们人类产生了非常大的影响。

我曾经在前文中讲过，我们经常把"大脑程序"当作面纱，通过它来观察世界。这样一来，其结果就是我们会认为那些原本不可怕的事物非常"可怕"，原本不困难的事物非常"困难"。一旦发生不好的事情，总有人会考虑原因是不是在自己身上。从具有这种倾向的人的角度来看，他们的脑海中就会有着重重的压力（心理负担）。这就像某些人由于责任感过于强烈，总想着各种各样的事情而痛苦不堪。

引起沉重的"心理负担"的主要是"消极的思考的内容"。

当我们感到巨大的压力或者处于悲观情绪中时，就会感觉"养分"消耗得很快。当刚刚失恋时，我们如果早晨一起床就引导"意识"关注于此，只靠这一点就会让自己感到精疲力尽、无精打采。消极的想法会大量地消耗我们的"养分"。

改变习惯时会感觉到巨大的"心理负担"

在很多情况下，当我们想要改变习惯时，会感受到巨大的"心理负担"。特别是我们想要养成那些颠覆旧习惯的新习惯时，会变得十分懈怠。其实，这并不是因为实际行动本身难以实施，而是由于"心理负担"过大使我们退缩。

比如，即使"能够进行自主选择的你"渴望重新去健身房锻炼，但是"依赖并顺从于无意识的你"也会想着宅在家里看电视，稀里糊涂地过日子。当我们想要去健身房锻炼的时候，"心理负担"会变大。但是如果我们能够冷静地考虑，就会发现"去健身房"这件事情本身并不会给我们带来痛苦。"大脑程序"所创造出来的"面纱"会创造出"懈怠"的"印象"，我们根据这种"印象"做出相应的反应。

假设我们为了养成新习惯而采取某些相应的行动。在实施这些新行为之前，"心理负担"达到了最大值。比如，去健身房之前的"心理负担"最大。但是当我们真正展开实际行动（去健身房慢跑）时，并不会感受到前者那般沉重的"心理负担"。

当面对自己非常不熟练的事情时，你是不是在开始之前要花费很多时间下决心？比如，我们在开始学习不擅长的科目时，是否感受到那些难以言表的懈怠感？就我而言，当我开始学习不擅长的科目时，总是会很懈怠。一般情况下，我会先整理书桌，然后对屋子进行大扫除。虽然平时它们乱得如同鸡窝，我也不甚在意。在磨蹭了60分钟之后，我终于开始学习了。

很多人想要养成的习惯，无外乎是"减肥""打扫屋子""每天做运动""早起"等。就像学习不擅长的科目那样，虽然我们都明白能够做到这些事情是好事，但是由于懈怠而不得不一而再，再而三地将其推后。这种阻碍新习惯开始的因素就是我们在要行动时所感受到的"心理负担"。因此，通过减轻"心理负担"，我们就可以很容易地养成新的习惯。因为"心理负担"是一种"印象"，所以我们可以通过"代表性记忆"的调节方法来减轻这种"心理负担"，如任务15所示。

任务15

对妨碍实现"习惯化"的懈怠型"代表性记忆"进行调节

❶ 挑选出一个想要实现"习惯化"的行动。接下来，对该行动的"代表性记忆"进行调节。

❷ 参考135页的内容，调节"代表性记忆"。

★调节的时候，对于想要实现"习惯化"的行动，我们可能会产生十分沉重的"心理负担"。因此，我们需要时刻留意"将其减轻"

（比如，将其颜色改变成轻盈的色彩）

★为了让"印象"变得更轻松，我们可以尝试添加一些听起来就让自己精神振奋的音乐（声音信息），以获得更好的效果。

❸在我们的脑海中浮现调节之后的"代表性记忆"，我们就可以采取用于实现"习惯化"的相关行动了。

能够顺利持续的简单技巧

"缩小目标"的魔法

我向大家讲解了如何通过处理新习惯的"代表性记忆"来达到减轻"心理负担"的目的。但是在这里，我还要再告诉大家另外一种可以减轻"心理负担"的方法，那就是"缩小目标"。

现在的我虽然在编写这本书，但是让我感觉到最难受的时刻是在开始动笔写作之前。这里所说的"开始动笔写作"指的是每天早晨开始的写作和午休之后开始的写作。特别是从个人的角度来说，我并不是很擅长写作，所以一想到"要写一本书",就会被巨大的"心理负担"所压垮,以至于不知所措。如此想来,我之所以能够想尽一切办法写到最后一章,是因为灵活使用了缩小目标这一诀窍。

在创作的时候,我大概写60分钟,会进行短暂的休息,然后又提笔继续创作。我反复重复这种行为。如果此时到"我要一口气把最后一章的内容全部写完",那么我就会因"心理负担"过重而始终无法开始提笔写作。**因此,我就暗自下定决心,只写5分钟**。当我写够5分钟时,整个人变得轻松起来。这样一来,起初沉重的心情就会变轻松,然后我就很快可以再次提笔写作了。

一旦写够5分钟,开始写作之前的那种沉重的心情就已消失殆尽。当集中精力进行写作后,养成的习惯就会发挥作用,而我也可以顺利且流畅地写下去。到最后,用于写作的60分钟如同白驹过隙,我一点儿心理负担也没有。

在开始学习不擅长的科目之前,想必很多人也同样感到十分痛苦。但是,一旦开始,很多人能够从中感受到浓厚的兴趣。

目标一定越小越好吗?!

在神经语言程序学课程中,我们已经学习并尝试**确立一个立刻能够开始着手的小目标,并迅速地展开行动**。但是美国习惯化研究专家斯蒂芬·盖斯(Stephen Guise)在其著作《微习惯》(*Mini Habits*)中将这种效果称为"临时感觉"。令我感到震惊的是,他曾说过"目标越小越好"。他也曾十分强硬地说:"想要养成锻炼肌肉的习惯,通过每天做俯卧撑就可以实现,哪怕每天只做1个。"对此我感到非常震惊。他也同样说过:"要想养成习惯,我们必须努力做到在不使用坚强意志的情况下就能展开行动。"每天只做1个俯卧撑,是可以很容易地实现"习惯化"的吧? 对于很多人来讲,只做1个俯卧撑并不能尽兴,因此,他们会继续做第2个、第3个,甚至20个、30个。盖斯写道:"我们可以将超过1个的其他俯卧撑称为附赠品"。

我们可以将一些每天一定能够持续做的小事情设为目标,比如"每天只写5分钟""只做1个俯卧撑"等,这样一来可以减轻我们的"心理负担"。

我们应该具备"我可以坚持下去"的"自我印象"

对在"养成习惯"方面有畏缩意识的人而言,虽然他们为了养成新的习惯展开了各种各样的行动,但是在持续的过程中却自我放弃,回到原点。其原因是"无法坚持下去"这一"不良习惯"成了与"习惯化"相关的"代表性记忆"。

对于这种"与'习惯化'相关的消极的代表性记忆",我们可以通过在前文中所介绍的"代表性记忆"调节的方法来使其得到缓和。一旦对这种"代表性记忆"进行调节，我们就可以非常容易地展开一系列的相关活动，以此来养成新的习惯。

但是，"意志"本身并不会快速地变得坚强起来，所以我们在感觉到意志薄弱的时候，如果再继续坚持下去，就会变得胆怯。之后，我们就会胆小地认为自己"无法坚持下去"，并使那些"与'习惯化'相关的消极的代表性记忆"再次显现出来。这样一来，我们好不容易对"代表性记忆"进行了调节，结果还是重新回到了原点。

为了养成新的习惯且使其自动运作，我们需要反复进行相关的行动。此时，支撑你的是"我可以坚持下去"这一"自我印象"。它作为一种"大脑程序"支撑着你实现所有想要实现的"习惯化"（图5-1）。

为了养成这种"大脑程序"，哪怕我们做任何一件小事都没有关系。因此，如果坚持做到"次数少"或"时间短"，这对养成新习惯也是很有用的。另外，像前文中所提到的那样，当我们在持有"我能坚持做到'次数少'或'时间短'"这一"印象"的同时，又可以超额完成设定目标，那么就可以将超额完成的部分作为一种附赠品。

比如，就我个人而言，在写作的时候，我并不是将60分钟作为劳动基本定额，而是将5分钟当作劳动基本定额，然后将超出的55分钟当作一种附赠品。在这两者之间，我得到的心理满足感是完全不同的。对于前者，即使我已经写了60分钟，也只会感觉到自己得到了最低限度的成果。与此相反，对于后者，因为我将超出的55分钟作为一种馈赠，所以会产生"自己的成果大大增加"这种获得感。**而这种获得感会变成促使我们养成习惯的力量。**

或许有人会认为："写作的量都是一样的，这样做难道不是自欺欺人吗？"的确，这确实是自欺欺人。但是如果你尝试的话，就会明白，不同的处理方式会使自己的感觉也发生很大的变化。

在这里，我想告诉大家一件非常重要的事情：**为了鼓舞自己展开行动，我们有必要改变自己的感觉方式。**

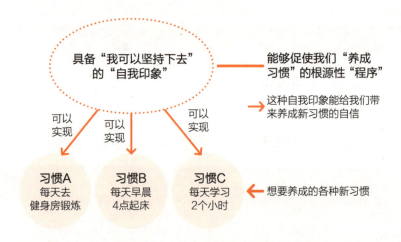

图5-1　一旦创造出"自己一定能养成习惯"的"印象"，
就能很容易养成各种习惯

给"下属们（无意识）"的最大报酬就是"获得感"

当我们为了养成新习惯而持续做出某些行为的时候，"下属们（无意识）"的合作是十分有必要的。另外，为了获得"下属们（无意识）"的合作，我们必须要给予"下属们（无意识）"一定的报酬，这和"组织管理"的规则是一样的。

在对组织进行变革的时候，领导们会向员工提出建议，希望他们能够改变自己的工作方式。此时，如果实施那些新的且尚未被习惯的工作方式，员工会感到非常辛苦。如果只是一味地给员工施以压力，那么他们的不满就会爆发，那么公司的改革也就无法实施下去了。但是，如果领导们能够以各种各样的形式来使员工得到满足，那么事情就会发生改变。比如，给予员工一定的奖金，或者当员工达成目标时，对其进行夸奖等。

其实作为"国王"的你所统领的"下属们（无意识）"也同样想要获得报酬。比如，当你集中所有的精力学习那些自己不擅长的科目后，是不是会觉得读一会儿漫画会让自己感觉到快乐呢？或者当我们在完成重要的任务后，是不是会允许自己去喝一杯酒呢？但是，当我们在拼命工作后，还继续以对身体不好为理由来严格地进行自我控制，那么我们的压力就无法消除，不久就会爆发出来。

这样，当我们残酷地驱使"下属们（无意识）"后，很多人都会无意识地对"下属们（无意识）"给予一定的报酬。

我们在养成新习惯的时候，会为了新习惯的养成而展开某些行动。在采取这些行动之后，我们可以通过给予一定报酬来减少"下属们（无意识）"的不满和反抗。因此，当我们为了养成某种习惯而采取相关行动时，请给予"下属们（无意识）"一些报酬。

对"下属们（无意识）"而言，最大的报酬就是"国王"可以和"下属们（无意识）"实现"同一化"，共同去体会获得感。为此，我们需要每天都实现一个小目标，并在该目标实现之后，让"下属们（无意识）"体会获得感。

同时，我也希望大家偶尔为"下属们"准备一些特别的活动。有的人认为养成一个新的习惯需要21天，有的人则认为需要200天以上。之所以会出现这样的差异，既跟新习惯的难易程度有关系，也跟个人有关系。比如，我们决定在60天内养成某个习惯，当坚持到30天的时候，可以去自己非常想去的餐厅大吃一顿。当我们在达成目标、乐享美食的时候一定会有满满的获得感吧！实际上，得到这种获得感的是我们的"下属们（无意识）"。为了证明这一点，我们可以在享受获得感的时候进行"同一化"的操作，这样一来，气氛就会变得"中立"，获得感也就消失不见了。换句话说，你之所以能够体会到获得感，是因为你和你的"下属们（无意识）"实现了"同一化"。当然，如果这种"同一化"能够给和"下属们（无意识）"在一起的"国王"也带来快乐的话，必然是一件好事。尽情地体会这种喜悦为"养成习惯"提供的动力吧！

请对"无意识"说声"谢谢"

当我们为了养成习惯而采取某些行动的时候，"下属们（无意识）"会顺从"国王"的意志，每当此时，请对"下属们（无意识）"表示感谢。

在我开设的培训班上课的学员中有一位按摩师，每当他完成辛苦的工作之后，会去泡澡、放松，同时也会对自己说："感谢你为了我而努力！"以此来慰劳自己。这比起单纯地做按摩更能缓解身体的疲劳。我也会经常去健身房锻炼，在完成锻炼之后，在体会"获得感"的同时，也会用一种无声的方式对自己的身体说一声"谢谢！"

这等同于我们给所谓的"潜在意识（无意识）"发送一个"肯定的信号"。在很多自我启发的书中，作者们都会提道："为了加强自我肯定，请面对着镜子里的自己大声地说一声'谢谢'，这样会让我们感到心情愉悦。"

另外，每当我们为了养成习惯而采取相关行动时，可以对着自己说"谢谢"，这声"谢谢"有以下两个要点：①要让自己真的相信那里存在一个和自己毫不相关的"意识"；②要饱含感情，要发自内心地慰问。

前面提到的"获得感"也是一种感情，这种"感情"是一种对"无意识"做出反馈的"信息"。因此，"感谢"不仅可以使"习惯化"变得简单，还可以增加"下属们（无意识）"对你的信任感。

另外，经常自我否定的人会一直否定自己的"下属们（无意识）"。这样一来，自我肯定会下降，"下属们（无意识）"也很难对"国王"言听计从。实际上，"自我肯定"低的人在能力发挥方面也会受到限制，坚持下去的意志力也会变弱。

每天完成一个小目标，感受成功带来的获得感

如果我们能够持续做好体验获得感和对"下属们（无意识）"表示感谢这两件事，那么很快就可以实现与"下属们（无意识）"的合作。

把前面所讲的知识进行总结，我们可以明白要想养成习惯，就必须首先将一个绝对能够做到、非常小的行动作为每天的目标。在此基础上，如果我们能够依赖惯性法则的力量做得更多，那么就将多完成的部分当作一种"附赠品"。

然后，如果能够继续坚持下去，就能够感到获得感。

最后，发自内心地（饱含深情地）对"下属们（无意识）"说一声"谢谢"。

这三种方法不仅有助于养成特定的行为习惯，而且还有利于创造出一个能够促使习惯养成的根源性大脑程序。

将更容易养成的习惯设定为目标

促使"习惯化"实现的"目标设定法"

在这里，我将为大家介绍促使"习惯化"得到实现的"目标设定法"，其要点是掌握"印象"的使用方法。

当我们在日常生活中"依赖并顺从于无意识"时，会很容易地按照"感情→思维→意识"的顺序展开自己的行动。这种情况下，"马儿（感情）"就会顺着"马夫（思考）"，追求一时的快乐。这样一来，我们就很难由始至终地坚持做同一件事情，因为"感情"与反复无常的欲望之间存在着千丝万缕的联系，而那些异想天开的欲望得到满足后会变得无关紧要。

新习惯的养成通过反复地进行相同的行为便能够实现，因此，我们从"依赖并顺从于无意识的你"出发，那么很难实现"习惯化"。关于这一点想必大家一定都已经明白了。

159

即使我们从"意识"出发，朝着设定的"目标"寻求"习惯化"，也会因"目标"变得无关紧要，而使自己在努力实现"习惯化"的过程中遇到绊脚石。

与此相反，如果我们从"能够进行自主选择的意识"出发，就能具有长远的视野（长期发展的眼光），并会非常重视那些对自己来说很重要的事情。这是因为"能够进行自主选择的意识"具有一种能够对具有普遍价值的事物进行彻底观察的理性，这样的"你（意识）"无论在何时何地都会拥有一种永不枯朽的理想。

因为这件事情非常重要，所以我在这里再次重复一遍：希望大家不要从"依赖并顺从于无意识的你"出发，而是从"能够进行自主选择的意识"出发，认真地考虑"我该如何生活下去"和"为了实现这一目的，我该养成何种习惯"这两个问题。

将"目标"转化为"非常容易实现'习惯化'的'印象'"的方法

当我们引导"意识"去关注那些从"能够进行自主选择的意识"的角度来看非常重要的目的和目标时，我们就会很容易实现"习惯化"。其原因是它可以在一定程度上增强我们的意志。

习惯是一种强有力的自动运作系统，时时刻刻地支撑着"国王"。因此，与那些不了解自己目标的人相比，十分清楚自己目标的人实现"习惯化"的概率要高得多。

接下来，让我们对下面的两个句子进行一下比较。

1）"我想考入某某大学，所以要每天4点起床来学习。"

2）"我要每天早晨4点起床学习。"

只要对这两个句子进行比较，我们就会明白句子1）能够让我们更真切地感到"我想要尝试"的想法。因为它明确地告诉我们养成这个习惯的目的。而句子2）的目的就显得模糊不清。就像在很多自我启发类的书中写的那样，"拥有明确的目的，能够更容易激发更大的动力。"理由是当我们在读这两个句子的时候，会在脑海中浮现不同的"印象"。

从想要养成新习惯的角度来看，句子1）和句子2）都是相同的。但是当我们在读这两个句子的时候，浮现在脑海中的"印象"却存在很大的差别。句子1）给人一种积极向上的"印象"，而句子2）则会让人产生一种痛苦的"印象"。

想要养成新习惯，必须对"下属们（无意识）"所坚守的旧习惯进行改变，因此，当我们想要改变的时候，脑海中一定很容易浮现出痛苦沉重的"印象"。为此，如果设定像句子2）那样的目标，那么我们的行动就会无意识地变得迟钝起来。

在此，我希望大家在设定目标的时候，将那些"非常期待实现的目标"和"想要养成的习惯"组合在一起，并试着创造出以下"理想宣言"。

"我想……（你的目标），所以我要养成……的习惯（新的行动）。"

那些想要养成新习惯的人，大体上可以被分成以下两类。

A类：无论如何，我都要实现该目标，所以想要改变自己的习惯。

B类：我想要改变过去那个失败的自己，所以想要改变自己的习惯。

因为A类人拥有一种积极明朗的"印象"，所以很快能够养成习惯。而B类人总是具有一种消极阴暗的"印象"，所以会产生沉重痛苦的感觉。遗憾的是，我们都很清楚B类人很难长期坚持下去。

另外，为了保险起见，我在这里补充一点知识。在前文中，我告诉过大家目标越小越好。但那些只是为了实现特定目标而设定的需要每日完成的行动目标。而我们在这里讨论的"目标"指的是"国王"想要去的方向（理想），比如"我想成功地考上理想的大学"。

擅长应对恐惧心理的人所设定的目标

很多人在面对积极向上的目标时，能够感到满满的干劲儿。但也有很多人在躲避恐惧和危险时，能够被危机感激发强大的动力。像B类人会抱有一种"自己是无用之人"的危机感，从而产生一种"我不得不努力"的想法。因为他们面对这种"痛苦沉重的印象"时，会产生一种想要逃避这种恐惧感的想法，从而使动力大大地被激发出来。此时，他们的"理想宣言"就会变成以下内容。

"如果沉陷于……（最差的状态）之中，那么自己会变得更痛苦。因此，我要养成……的习惯（新的行动）。"

无论如何，比起单纯地想要养成某个新习惯，我们将"理想"和产生该"理想"的"理由"组合在一起，并在脑海中构想出一个句子来作为自己的"理想宣言"，那么，我们的干劲儿会更足。我希望大家能够牢牢地记住这一点。

利用"印象"来增强"目标"

我们为了实现"习惯化"必须采取必要的行动。我们在采取行动时，应认真地读一遍自己之前将"目标"和"习惯"组合在一起而创造出来的"理想宣言"。只有这样，我们才能更容易地展开行动。

在由"目标"和"习惯"组合而成的"理想宣言"中，最重要的一点是：作为原则，当脑海中浮现该"理想宣言"时，要确认在脑海中是否浮现明朗积极的"印象"。

接下来，我将为大家介绍增强这一效果的秘诀：利用"印象"来增强"目标"，如图5-2所示。

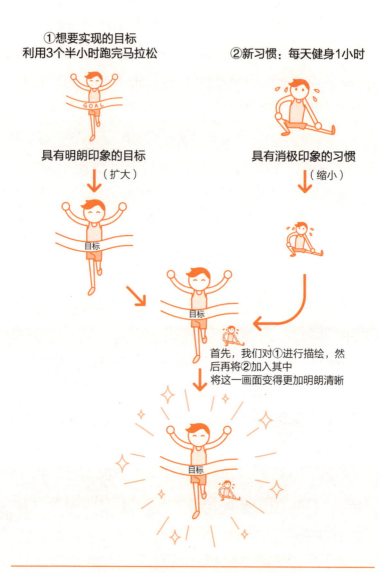

①想要实现的目标
利用3个半小时跑完马拉松

②新习惯：每天健身1小时

具有明朗印象的目标
（扩大）

具有消极印象的习惯
（缩小）

目标

目标

首先，我们对①进行描绘，然
后再将②加入其中
将这一画面变得更加明朗清晰

目标

图5-2 利用"印象"来增强"目标"

首先,我们要对图5-2中的①想要达成的目标和图5-2中的②新习惯的"代表性记忆"分别做调查。在①中,我们选择的基本都是那些自己非常期待实现的目标,因此它们多为闪耀着明亮光辉的"印象(代表性记忆)"。而在②中,我们选择的则多为伴随着种种变化的不擅长的行动,而这些行动(比如早晨4点起床等)大多是会引起迟钝反应的"印象(代表性记忆)"。

这样,我们总是将其分别设定为不同的"印象"。在大多数情况下,我们通常将一个"具有明朗印象的目标"和一个"具有消极印象的习惯"组合起来。

在对不同的"代表性记忆"进行调查后发现,我们需要扩大"具有明朗印象的目标",并缩小"具有消极印象的习惯"。

具体做法是,首先对"具有明朗印象的目标"进行描绘,然后再将"具有消极印象的习惯"加入其中(图5-2)。

这样一来会形成一个这样的画面——在扩大的、明亮的"目标印象"之中插入一个微小消极的"习惯印象"。最后我们需要做的是将这一画面变得更加明朗清晰。

受到明亮巨大的"目标印象"的影响,微小消极的"习惯印象"得以缓和。最后,请大家宣读一下前文创造的与"目标"相关的"理想宣言"吧!

与开始这项任务之前相比,我们沉重的感觉得到了很大缓解吧。

如果大家并没有感觉到充分的缓解，那么可以继续使用前文列举的"代表性记忆"项目，将其调整为令人期待的"印象"即可。此时，我们可以尝试在里面添加一些轻快的音乐，这样会产生更为明显的效果。因为对于很多人而言，在"五感信息"中，声音会产生较大的影响。

在这里，还有一点需要引起我们的注意。

如果我们先在脑海中描绘"具有消极'印象'的习惯"的话，那么之后在这个"印象"中再插入"目标"，就会受到"具有消极'印象'的习惯"的影响，从而使"目标印象"变差。因此，我们必须先在脑海中描绘出目标印象，然后在其中插入习惯印象。

使用这个诀窍的话，"国王"也能够明白该如何通过"印象"来引导着"感情"前行了。另外，我们是不是也能感觉到，通过"印象"的使用可以达到增强意志的目的呢？换言之，我们将"印象"的力量作为目标，引导强壮的马儿（感情）前行。

单纯依靠意志来改变习惯，无异于徒手与强壮的马儿搏斗，这种努力是无法长时间持续下去的。因为"意志"并不是特别强势的事物，所以我们必须掌握增强意志的诀窍。而真正发挥作用的诀窍就是"印象"。

战略性地克服不良习惯

必须注意那些由不良习惯所引起的行为模式

在我们克服不良习惯的时候，如果能够注意到那些由"大脑程序"所创造出来的一系列的行动，那么就能促使更明显的效果出现。在实际生活中，不良习惯所引起的不良行动会固定为某种模式。我们将其表示为 **"某种契机" → "一连串无意识的行为"**。

比如，我之前的"不良习惯"是沉迷于上网，这种沉迷于上网的情况大多发生在我从事不擅长的工作时。虽然现在的我可以定期出版一些书，但是过去的我非常不擅长写作。如果我们有意识地对这一顺序进行深入观察的话，就能得出如下的步骤（图5-3）。

虽然我们对"不良习惯"的模式进行了详细分析，但是一般情况下，我们还是会顺从并依赖于"无意识"。而这一切都是我们在已经了解**"不良习惯是由数个一连串的动作推进所引起的"**这一事实，并对自己的行动进行深入观察之后，才开始意识到的事情。

①坐在电脑前观察着电脑上的画面

⇓

②脑海中出现"必须要去写书啦！"的声音

⇓

③此时，又听到"不想去写书"的声音

⇓

④在脑海中"构想"出在完成书籍创作之前所要经历的可怕过程

⇓

⑤身体变得沉重，最终也就退缩起来

⇓

⑥开始点击网络新闻，沉迷于新闻的世界之中

图5-3 "不良习惯"的"流程"（例）网上冲浪的时候

在对该模式进行深入观察之前，我也只是有一些模糊的意识。那个时候的我由于抵触写书这件事情，只能意识到我想要逃避到网络新闻中去。

我曾经告诉大家，当想要改变什么事物的时候，就必须采取一系列的措施，并且尽可能地使其具体化，就如同能将其放在手上触摸那样。如果我们只具有一些模糊意识，那么是无法改变此类模式的。

关注五感信息的变化，就可以发现不良习惯的模式

为了能够让不良习惯的模式显现出来，我们通过五感信息的变化来进行观察，这样效果会更加明显。五感信息指的是

视觉、听觉、身体感觉、味觉和嗅觉。在这里，我们将"味觉"和"嗅觉"包含在"身体感觉"里，即五感信息包括视觉、听觉和身体感觉。

如果取这3个词汇的英文首字母，那就是视觉的"V"、听觉的"A"和"身体感觉"的K。我们用这3个英文字母分别代表相应的五感信息，同时将这三种感觉分别与内部世界"i"和外部世界"e"进行两两组合，那么就组成6种类别，如图5-4所示。

图5-4 "五感信息"的分类

在图5-4中，"e"是"external"的首字母，表示"外部世界"。所以，"Ve（外部视觉）"指的是通过眼睛所能够观察的信息；"Ae（外部听觉）"指的是通过耳朵所能够听到的信息；"Ke

（外部身体感觉）"指的是通过手的触摸等触感来感受的信息。

在图5-4中，"i"是英语单词"internal"的首字母，表示"内部世界"。所以，"Vi（内部听觉）"指的是存在于脑海中的"映像"，也就是"印象"；"Ai（内部听觉）"指的是在脑海中能够听到的声音，比如在你的脑海中经常盘旋着的歌曲；"Ki（内部身体感觉）"指的是"感情"等由身体内部所感受的反应。

我们将这些图5-4的分类应用于刚刚所介绍的"不良习惯（沉迷于上网）"，那么，图5-3会变成图5-5所示内容。

①坐在电脑前观察着电脑上的画面（Ve）
⇓
②脑海中出现"必须要去写书啦!"的声音（Ai）
⇓
③此时，又听到"不想去写书"的声音（Ai）
⇓
④在脑海中"构想"出在完成书籍创作之前所要经历的可怕过程（Vi）
⇓
⑤身体变得沉重，最终也就退缩起来（Ki）
⇓
⑥开始点击网络新闻，沉迷于新闻的世界之中（Ve）

图5-5　按照五感信息的分类对"不良习惯"进行细致化的区分

这样一来，我们就会明白所谓的"不良习惯"其实就是无意识的"五感信息"。

避免不良习惯发挥作用的诀窍

像前文中所述的那样，如果我们能够将"不良习惯"变成那种几乎可以放在手上触摸的那样，就可以对其进行改变了，因为可以有意识地替换中间的流程。

如果我们对一连串行为的流程进行粗略观察，就会发现"不良习惯"的起点是"③我听到另外一个声音说'我不想写书'（Ai）"。通过这种细致化的区分，我们就可以掌握在整体之中究竟是哪一部分出现了问题。

这种情况下，如果我们能够有意识地对③进行改变，那么就能够终止这种不良习惯的模式，从而将其转化成崭新且积极的流程。在这里，当我们对③进行替换时，可以尝试增加以下问题。

③写这本书对于我的人生而言，究竟意味着什么？

在增加这个新的③后，其后的流程就会变成以下内容。

④通过写这本书来构建"任务实现"的"印象"。

⑤可以感受到"想要写书"的干劲儿和欲望。

⑥可以听到"无论如何都要做到尽善尽美"这一声音。

⑦将精力集中于正在写的书之上。

如同我们对"代表性记忆"进行调节那样，这些都是我们在对其进行可视化处理和细致化区分之后所产生的变化。当"不良习惯"变得无意识的时候，图5-5中的①～⑥这一过程就会变成一个巨大的"石块"。此时的不良习惯就已经筑起"一夫当关，万夫莫开"的铜墙铁壁般的壁垒，使我们感到手足无措、无可奈何。此时，无论我们拥有如何坚强的意志力，都是束手无策的。

但是，**如果我们能够打破这种平衡机制，只是单纯地改变这个过程中的某个步骤，那么就可以获得很好的效果**。此时的我们能感受到自己的心理负担变小了许多。由于"石块"的体积过于巨大而无法对其进行修正，如果对其进行细分化处理，那么我们所要改变的个别地方不过是"石块"的一小部分而已。

当我们想要改变某些习惯的时候，需要做的事情是对原本"无意识"的事物进行"意识化"的处理。

读到这里，或许大家已经意识到，在"大脑程序"所创造的行动模式中，"内部感觉"其实指的就是**"下属们（无意识）"的声音**。很多人都会觉得"无意识听到的从内部发出的声音（Ai）"难道不是"自己的真实想法"或"自己的心里话"吗？

就我自己个人而言，"我不得不写书"和"我不想写书"等这些通过"Ai"所听到的声音无疑都是消极否定的。但是，"国王"能够从"写书"这件事情感受到人生的意义，因此，我完成了13本书的写作。"写书"是我自发决定的事情，而并不是上司命令我所必须要承担的义务。

如果我们没有将这些"无意识听到的从内部发出的声音（Ai）"当作自己的声音，而是将它们当作"下属们（无意识）"的声音来进行处理，那么就会很容易避开对这些声音的盲从。

由此可见，我们会错误地认为某些事情是"自己"内心真实的想法，并且自动地依赖并顺从于它们。而"变得有意识"指的是从这些事情之中脱离出来，并对它们加以控制。

按照"五感信息的流程"对"不良习惯"进行细致化分解的诀窍

请大家一定切身地实践"对不良习惯进行分解细致化分解"这一任务（任务16）。就像我所说的那样，因为这一流程是无意识的，所以一般情况下，我们很难如此细致地意识到它们的存在。在大多数情况下，我们只会意识到"最初的步骤"和"最后的步骤"。在这里，我们可以像任务16那样，首先将"最初的步骤"和"最后的步骤"掩藏起来（任务16中的②）。然后，我们要有意识地了解这一过程中究竟存在着多少个步骤（任务16中的③）。当然，如果从"能够进行自主选择的意识"的角度出发进行操作，那么能够更加容易地得到答案。因为这样我们就可以很容易地对图5-5所示的步骤进行冷静且客观的观察。

任务16

对"不良习惯"进行细致化分解

❶ 选择一个"不良习惯"作为任务的主题

❷ 回想起该"不良习惯"出现的"最初的步骤"和"最后的步骤",并将图5-4所示的6种五感信息填入下面的记号栏中。只填写简单的相关内容即可。

Ⅰ. 最初的步骤   Ⅹ. 最后的步骤

❸ 引导"意识"关注在"最初的步骤"和"最后的步骤"之间存在着多少个步骤。中间的"步骤"也要填入记号和内容。

★中间的"程序"多设置为2~5个

Ⅰ. 最初的步骤　Ⅱ. 中间步骤　Ⅲ. 中间步骤　Ⅳ. 中间步骤　Ⅹ. 最后的步骤

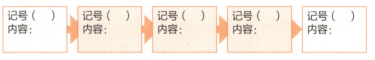

❹ 如果我们能够明白"不良习惯"的"五感信息"的"无意识流程",那么就能确定哪里是"不良习惯"的起点。

❺ 一旦步骤④所确定的"不良习惯"的起点中重新填入其他内容,就可以使"不良习惯"得到改变。此时"重要的目标"和"积极肯定的提问"就发挥了巨大作用。

　　一旦完成对"不良习惯"的细致区分处理，那么就请大家考虑如何才能确立一个用来打破该"不良习惯"的模式。这个环节的诀窍就是灵活地使用"重要的目标"和"积极肯定的提问"。特别是"积极肯定的提问"这一技巧，将在改变步骤的过程中发挥极大作用。通过向自己"提出问题"，我们就可以在脑海中联想出与该问题的内容所匹配的"印象"和"语言"。

　　就我个人而言，当向自己提出"对于我的人生而言，写这本书究竟具有怎样的意义呢"这个可以称为"目标"的问题时，我就可以根据问题的内容来联想出种种思考的内容。这其实也是前文介绍的"从意识的角度出发，对思考的内容进行选择"这一方法的应用。

　　在这里，我将自己的行为习惯当作示例，向大家说明了停止不良习惯的方法。大家也可以通过同样的方法来改变自己的思考习惯。"思考习惯"中也存在着"做这件事情的契机"和"无意识的流程"。

　　另外，如果将"内部视觉（Vi）"的原理运用到关于"印象修正"的方法中时，也会具有很明显的效果。如果我们能够明白在"不良习惯"的运行步骤中，自己经常会在脑海中浮现什么样的"印象"，那么就可以有意识地对其进行修正。

　　比如，在不擅长打扫卫生的人中，有很多人在打扫卫生之前，告诉自己"要打扫卫生啦!"（Ai），之后脑海中浮现种种关于"打扫卫生"的"繁杂的工作"（Vi）。此时，我们可以将"繁杂的工作的'印象'"替换成"完成打扫卫生之后干净整洁的屋子的'印象'"。然后我们可以增加这一"印象"的"亮度"，或者是添加一些让自己感到舒服的音乐，那么就会收到更好的效果。

矛盾可以转化为动力

对"放弃旧习惯时所感受到的阻力"进行最小化处理的技巧

在写这本书的时候，我重新阅读了20年前的某本关于NLP的书。在那本书中，作者写道："我渴望成功，但是又很害怕引起别人的关注。"这就是我在成为NLP指导老师之前所烦恼的事情。

人具有多面性。在这本书中，为了能够进行更通俗易懂的解释，我特意使用了"国王"和"下属们（无意识）"的比喻。

就如同文字所示，"下属们"是一种复数的表述。在你的身上存在着各种各样的人格（下属），如果我们用心理学的术语来称呼它们的话，那么称它们为**"个性"**。

过去，在我的身体中存在着**"渴望成功的下属"**和**"害怕引起别人关注的下属"**，这两个"下属"一度反目成仇，彼此对抗。我们将这种对立称为**矛盾**。

对于当时的我而言，如果自己的身上只存在"渴望成功的下属"或"害怕引起别人关注的下属"，可能就不会那么烦恼了。但是，如果我只拥有"渴望成功的下属"，那么就不知道什么是恐惧，最终只能选择一种非现实的生活方式。在这20年里，我渴望实现的目标最终得以实现。之所以能够成功，是因为我从"害怕引起别人关注的下属"那里得到了有用的建议，并重视这些建议。当然，我所拥有"渴望成功的下属"也在积极地发挥着作用。**这两个"下属"从对立的关系发展为相辅相成、相互配合的关系**，现在它们变成了持有反对意见的难得的"谋士"。

但是在这里，我们需要记住的一件非常重要的事情，那就是这两个"下属"**都不是"国王"本身**。如图5-6所示，"国王"可以从两个"下属"那里选择听取一方的建议，也可以促进两者实现协调合作。

当我们这样考虑的时候，**存在于你身体之中的各种各样的**

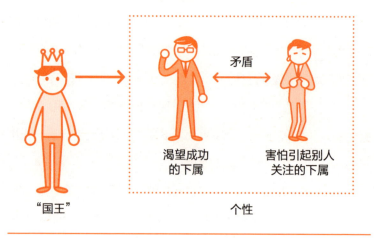

"国王"　　　　　　　　　　　　个性

图5-6　"两位'下属'"和"国王"

"下属（人格）"就会通过有效的组合排列来变成有效的"供给源（资源）"。这就如同优秀的公司经营者在做出重大决定时，会平等地参考那些持有反对意见的下属们所发出的声音。

　　如果大家想要养成新的习惯，却在很长一段时间内都无法实现这一目标，那么大家可能跟过去的我一样，正处于一种"积极进取的下属"和"保守的下属"互相对立的关系中。当我们决定要做出改变之时，就意味着"国王"采纳了"积极进取的下属"的意见。

　　但是，在我们养成新习惯的时候，如果只保留"积极进取的下属"而抹杀"保守的下属"，那么就会引起"保守的下属们"的激烈反抗，最后我们也将无法推进事情的进一步发展。

在这里，我们需要对持有相反意见的"下属们"进行调停，并谋求两者的合作，以期推动事情向前发展。为了达到这一目的，我们需要缜密的谋划。

在"保守的下属"中同样存在着"正面的动机"

因为"害怕引起别人关注的下属"总是给人一种消极的印象，所以总是会被大家认为是一种抵抗变化的保守势力。实际上，如果"国王"不插手处理的话，那么"渴望成功的下属"和"害怕引起别人关注的下属"就会一直对立。"国王"就会永远地处于这种矛盾的状态中，无法展开行动。但是在"保守的下属"中同样存在着"积极的动机"。如果我们能够认真地倾听这种"积极的动机"，那么"国王"就可以成为适当地将其转变成为促进事物向前发展的参谋。

大家还记得我在本章的开头说过这样的话吗？"无意识"组成"大脑程序"的目的是确保安全、安心及提高效率。因为"习惯"也是"大脑程序"，所以"下属们（无意识）"为了能够将"意识"保持在最佳状态，会反复地重复那些过去形成的习惯。

20 年前的我之所以会对"引人注目"感到害怕，是因为我曾经数次看到社团的部长和公司的领导饱受下属们的种种批判。根据这种体验，我在自己的脑海里形成了"引人注目的人=被批判"的模型。

之所以下属们不允许那些负主要领导责任的人随意发号施令，可能是因为那些身处高位的人一旦做出错误的判断，就会给更多的人带来损失。其实，与其说我害怕"引人注目"，不如说我害怕受到大家的批判。居于高位并不是一件坏事，但问题在于，居于高位做出错误的决定会给大家带来种种损失。这样考虑的话，"害怕引人注目"就变成了警醒我不要做出错误决定。

尽情地发挥自己的能力，实现自我的价值会给我们带来自由和幸福。另外，如果将"给更多的人带来幸福"当作自己的理想和使命，并努力实现，那么我们必须身居高位。但是一旦我们的地位得到提升，就会被大家称作"老师"，从而不知不觉就会变得骄傲，或者迷失自己。每当这个时候，"害怕引起别人关注的下属"就会提醒我，使我产生害怕的心理。通过这种方式，我才能够保持谦虚的态度。**换言之，适当地使用"踩油门"和"刹车"是非常重要的。**正因为如此，"国王"必须冷静地在进取的下属和保守的下属之间保持平衡，这样才能够达到实现自我价值的目的。

将矛盾转化为力量的方法

"国王"对两个对立"下属"进行调整的方法

任务17由三部分构成,所以请大家选定同一个主题来进行操作。这一连串任务的主题就是对两个对立"下属"的关系进行调整。

当你想要养成新习惯的时候,那些想要维持旧行为的"下属"会拼命地拖住你。而这一方法主要适用于此类情况。

我们可以将这一连串任务的主题设定为"虽然想要养成新的习惯,但是会被拖延的事情"。这样会带来更为明显的效果。

首先我们按照下面的顺序,选出两个对立的行动。

1)将主题设定为"虽然想要养成新的习惯,但是会被拖延的事情"。

2)描绘出"新习惯的行动"的具体内容(比如去健身房锻炼)。

3)选定"与新习惯的行动对立的行动"(比如在家里看电视)。

一旦主题确定且对立的两项行动变得明朗,我们就可以认为想要做出这两种行动的"下属"已经出现，然后去尝试着练习如何平等地倾听处于对立关系中的两个"下属"所持有的不同意见（任务17）。

认真倾听两个对立"下属"各自持有的意见

❶脑海中浮现设定的主题（"虽然想要养成新的习惯，但是却会拖延的事情"）。

❷引导"意识"关注"想要养成新习惯的下属"，并通过身体切实感受。

★需要1～2分钟的时间进行感受体验。

❸认真地从"想要养成新习惯的下属"那里倾听"为什么想要养成该习惯"，以及"具有何种正面的动机"。

★当我们持有这种疑问时，脑海中会自然而然地浮现相关的"思考的内容"。请大家将该"思考的内容"当作"想要养成新习惯的下属"所发出的声音。

❹引导"意识"关注"对养成新习惯持抵抗态度的下属"，并且通过身体切实感受。

★需要1～2分钟的时间进行感受体验。

❺认真地从"对养成新习惯持抵抗态度的下属"那里倾听"为

什么讨厌该习惯",以及"不改变习惯具有何种正面意义"。

★当我们持有这种疑问时,脑海中会自然而然地浮现相关的"思考的内容"。请大家将该"思考的内容"当作"对养成新习惯持抵抗态度的下属"所发出的声音。

在这里,我们需要明确地告知自己这两位"下属"都拥有"积极的动机",其诀窍就在于我们要承认那些看起来很消极的"下属"同样具有正确性。

下面我将对任务的顺序进行补充。在任务17的③和⑤中,我们需要从"能够进行自主选择的意识"出发,冷静地对那些"想要养成新习惯的下属"所思考的内容进行观察。

这样,思考的内容就能够自然而然地浮现在我们的脑海中了吧?这就是任务16提到的"Ai"。我已经向大家讲过,在写这本书的时候,总是能够听到"我不想写"这样的声音。这些都是我无意识地听到的"下属们"的声音。

在任务17的⑤中,我们不要从好与坏的角度对那些"抵抗该习惯的下属"所考虑的事情(思考的内容)进行评价,而只是冷静地去倾听他们的意见。此时的"国王"就是上司,需要努力地做到公平公正地去倾听两个对立"下属"的声音。那些保守的下属会告诉我们"不变化"会带来的重要好处。可能大家会对此感觉到意外,但事实确实如此。

认真地倾听"抵抗'新习惯养成'的下属"所持有的积极动机的本质

任务18是任务17的升级版，请大家仍然按照任务17所确定的主题进行操作。在这里，我们需要与那些"抵抗新习惯的下属"进行更为细致的交流，对"正面动机"进行深入探究（明确正面动机的本质）。甚至我们可以通过身体来对这种正面动机的本质进行切实体会。在此基础上，我们便可以创造能够象征该动机的"印象"了。

任务18
加深对"采取抵抗态度的下属"所持有的"正面动机"的本质的探究

❶再次引导意识关注任务17中④中所提到的"对新习惯持抵抗态度的下属"。

★需要1～2分钟的时间进行感受体验。

❷回忆起在任务17中⑤向"对新习惯持抵抗态度的下属"提问"不改变习惯具有何种正面意

我想在我的人生之中只做自己想做的事情！

义"时所得到的回答。

❸在脑海中构想"不进行改变的
动机",并仔细地感受身体的
反应。我们把手放在能够强
烈地感受到这一身体反应的
位置。然后,我们要告诉自
己"抵抗新习惯形成的下属"
就存在于此位置之上,并将
它们命名为X。

❹向X询问采取这一行动(否定
的行动)的正面动机的本质是
什么,然后静静地等待X做出
回答,并且需要X用简短的语
言将答案反馈给我们。

★正面动机的本质是深化动机
之后的产物,是一种普遍的事
物(比如爱、自由、安心、平
等、一体感、坚强、温柔等)。

❺当我们得到答案后,无论这个
答案是什么,我们都必须要对
它们说:"感谢您的回答。"

185

❻我们尽可能地按照X所期望满
  足的"正面动机的本质"创造
  可靠的视觉印象，之后通过身
  体切实地感受此反应所具备的
  质感。

　　任务18中③主要用于将"国王"和"抵抗新习惯的下属"
进行分离。比如，如果产生特殊感觉的部位是胸部，那么我们
可以把手附在胸部，然后假设"抵抗新习惯的下属"就存在于
胸部附近，将其命名为X。此时，我们就可以按照任务18插图
所示，"意识"和处于胸部的X进行对话交流。

　　这样一来，"国王"和"下属"在进行对话的时候，"国王"
的位置和"下属"的位置是分开的，对话因此可以非常顺利地
进行。从头部开始向胸部等部位进行对话的时候，你可以非常
清楚地意识到"自己"和"下属"是两个独立的存在。另外，
我们在前文当中也提到了给"下属"命名。之所以把"下属"
命名为"X"，是因为通过这种方式让我们能够意识到它是一
个独立的存在。通过这些努力，我们就可以非常容易地与那些
"无意识的下属"展开细致的交流和沟通。

　　在任务18的④中，我们必须要注意，该步骤的要点是让X进
行回答，而并非"国王"进行推测。"下属"和"国王"所具有

的意识是不同的。因此，我们可以像与别人对话那样，直接询问下属们："正面动机的本质是什么呢？"

在这里我要对正面的动机和正面动机的本质之间的区别进行说明。

很多人认为在182页的任务之中所点明的正面动机已经很具体了。比如抵抗"去健身房锻炼"这一行为的正面动机是想要努力读书。

与此相对，正面动机的本质是对想要努力读书进行抽象化处理之后的结果。比如，精神的充足、平稳安乐等。另外，正面动机的本质是深化正面的动机之后的产物，是一种普遍的事物（比如，爱、自由、安心、平等、一体感、坚强、温柔等）。

当我们用简短的语言来描述正面动机的本质时，就像我刚刚所介绍的示例那样，采用一些名词进行描述。通过将正面动机的本质归纳为这种简短的语言，我们可以很容易找到"可以代替否定行为的行动"。

任务18的⑤中我曾建议大家，在为了实现"习惯化"而采取某些特定行动之后，我们需要对"下属们"表示感谢。该步骤也是一样的。因为X拥有和"国王"不一样的意识，所以在我们拜托"下属"做一些事情的时候，需要对其表示感谢。并且我也曾经提到过，对"下属们（无意识）"表示感谢，这会增加"下属们（无意识）"对我们的信任感。如果我们能够十分重视自己的X，那么今后就可以很容易地得到他们的配合。

任务18的⑥中如果得到了"自由"这一反馈，那么我们需要在创造"自由"这一词汇所具有的"印象"之外，还要尝试通过身体切实地感受一下自由的感觉。

使"采取抵抗态度的下属们"的行为得到升华

如果能够从任务18探寻到正面动机的本质，那么我们就可以使"对新习惯采取抵抗态度的下属们"的行为得到"升华"。

在这里，我希望大家能够记住，它们所期望的不是行动，而是动机。因为"更深层次的动机（动机的本质）"更为重要。

用我之前的示例来讲，"害怕引人注目的下属"所渴望的正面动机是"避免自己受到他人的批判"，因为我很害怕引人注目会受到批判。如果我们对这种"正面动机的本质"进行抽象化处理，就可以将其称为"安全"["避免自己受到他人的批判（正面的动机）"→"安全（正面动机的本质）"]。

"满足动机的本质"指的是"满足表现出这种动机的感觉"。比如，就"避免自己受到他人的批判（安全）"这一动机的本质而言，所要满足的感觉指的是"如同身处坚固的核避难所之中的安全感"。如果这种感觉可以通过"其他的无害行动"来得到满足的话，那么"害怕引人注目的下属"的欲求就可以得到满足。这就是"升华"。

比如，为了满足这种感觉，我要努力保持每天一个小时以上"不和任何人说话"的独处时间。换言之，就是每天必须宅在家里的时间要超过一个小时。这样的话，"害怕引人注目的下属"的欲求就会得到满足。

此时，如果我们将前文步骤⑥中所明确的能够象征"动机本质"的"印象"附加进来，就更能够使其得到满足。比如于我个人而言，我会同时在脑海中描绘出自己身处非常坚固的核避难所之中的"印象"。

当然，虽然宅在家中，但这并不代表我浪费了时间。我会有效地利用这一段时间，比如学习。通过实践这些代替性的行动，虽然我现在仍然无法克服胆小的毛病，但是平均下来，我每周仍然可以有3次机会在演讲和课堂讨论中毫不畏惧地发表自己的观点。另外，那个"胆小怕事的自己"也在时刻帮助我，提醒我不要丢失谦虚的美德。每一个"下属"都有好的一面，所以我们必须因地制宜地对其进行调动，以让"好的一面"发挥作用。

这样我们在找到"满足动机本质的无害行动"并对其加以实践运用后，就可以有意识地使"否定行为"的养分散开，不再为这些行为提供能量。我们也就可以很顺利地停止那些"抵抗新习惯的行动"了。实际上也有很多人通过这种方法达到了戒烟和戒酒的目的。

接下来，我为大家介绍使"不良习惯"得以升华的操作顺序（任务19），这其实是任务18的持续。它是三部曲的最后一部。

接下来我将就该任务的推进方式进行补充说明。

如同任务18的插图所示，在步骤2中当我们引导意识关注"身体所感受到的感觉"时，会产生一些直观的瞬间感受。请大家将这些直观的瞬间感受写下来。比起那些在头脑中思考的事物，这些直接的感受更有真实感。

步骤④主要用于对步骤③中所选择的行动是否被其他"下属"接受进行确认。此时，如果我们产生不适的感觉，就意味着新的行动产生了其他的矛盾，那么我们的行动就受到了限制。此时，我们需要再次回归到步骤②中，从先前已经设定出来的其他选项当中，选择位居第二的备选项。然后利用第二个候补选项再一次进行步骤④的操作。直到我们不再产生厌恶的感觉，就可以宣告完成。如果仍然感觉不适，那么请再次回归到步骤②中重复同样的动作。

任务19

使"与新习惯相对立的行动"得以升华

❶ 请大家在任务18中的X所期望
满足的"正面动机的本质"中
尽可能地再现那些可靠的"视
觉印象"。之后要通过身体再
次切实地感受此反应所具备的
质感。

感觉到心脏
噗噗地乱跳,
就像在大海中
自由自在遨游
的鱼儿一样。

★请大家利用1~2分钟的时间来认真感受

❷ 推导出可以代替"与新习惯相对立的行动"的"无害行动"。
该行动可以用来满足任务18步骤⑥中所推导出的"视觉印
象"及其附属于此的"身体所感受到的质感"。

前文中我们已经了解到要尽可能地按照X所期望满足的"正
面动机的本质"创造可靠的"视觉印象"。当我们引导意识
关注这些"视觉印象"及其附属于此的"身体所感受到的质

自由＝

X所期望满足的
正面动机的本质

视觉印象

身体感觉

感"时，就会直观地在脑海中浮现数个"无害行动"。我们要将这些"无害行动"写下来。由于该行动必须满足X的欲求，所以我们必须慎重地选择那些与"X所期望满足的'正面动机的本质'"具有相同质感的事情。

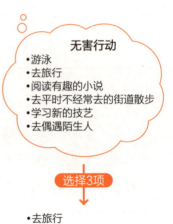

无害行动
- 游泳
- 去旅行
- 阅读有趣的小说
- 去平时不经常去的街道散步
- 学习新的技艺
- 去偶遇陌生人

选择3项

- 去旅行
- 阅读有趣的小说
- 去平时不经常去的街道散步

★**因为我们需要每天都切身实践这些行为，所以尽可能地选定一下简单的事情。**请大家至少写出3个相关的事情。

❸从数个"无害行动"中选择出最能让我们切实感受到"X所期望满足的'正面动机的本质'"所具备的质感的事情。

❹我们要探明当我们在脑海中想象自己正在实践这些行为时是否会产生不愉悦的心情。

★当我们产生不愉悦的心情时，需要再次回到任务2中，选择其他已经设定好的选项来重复该步骤。

支持"下属（无意识）"

当我们探明该采取何种"无害的行动"才能满足那些采取抵抗行动的"下属们（X）"所具备的"正面动机的本质"之后，接下来我们就需要每天实践该行动。通过每天的实践，我们可以将"无害的行动"转化为习惯，之后"下属们"就会自动地运作起来。

实践时的要点是——我们需要一边感受在"任务18"的步骤④中所推导出来的**"X的正面动机的本质"所具备的质感**，一边来展开这些最新引导出来的"无害的行动"。此时，请大家在对该步骤进行操作的同时，务必让脑海浮现出"任务18"的步骤⑥中所创造出来的"能够反映'X所期望的正面动机的本质'的视觉印象"。比起单纯地采取"无害的行动"，这种方法更能够满足X的欲求。

正如前文所言，因为**"引导意识所关注的事物会得到强化"**，所以当"你（国王）"有意识地特意对"X的正面动机的本质"所具备的质感以及"能够反映'X所期望的正面动机的本质'的视觉印象"进行感受及构想之时，这些都会成为满足"下属X"欲求的原动力。

反复进行该实践的话，我们就会自动地对这种质感进行感受和构想。这样一来，我们就将"能够满足X的欲望的无害行动"成功地转变成了"习惯"。

跨越"习惯化"的最后陷阱

当我们认真地去实践那些前面所介绍的步骤之后，就可以使抵抗"养成新习惯"的心情得到缓和。这样我们就可以很容易地实施那些为养成新习惯而采取的行动了。

但是，在这里仍然存在着一个陷阱。

那就是在大多数情况下，"想要养成的新习惯"会变得无关痛痒。其原因是，大多数人的想法都是"因为我做不到，所以我想做"。

很多人之所以感受到前进的动力，并不是因为他们觉得做这件事情是理所当然的，而是因为他们从中感觉到了困难。因为自己"不能早起"而感到左右为难的人可能会想着"我要变得能够早早起床"。但是在很多情况下，一旦他变得能够早早起床之后，就会觉得"早起"似乎也是一件无关痛痒的事情，从而也就会失去对"早起"的兴趣。可能会有很多人感觉到意外，但这确实是事实。

在本书的开头，我曾经给大家讲过我用了四个半月的时间成功地将体重从75千克减到51千克。因为我具备强大的干劲儿，所以成功减肥，但也由此对减肥失去了兴趣。其原因是我自然而然地产生了"无论何时我都可以减肥"的想法。结果，我的体重又长到了59公斤。从实际情况来讲还是瘦一些比较好，但是我一旦产生"无论何时我都可以减肥"的想法之后，我就把减肥当作一件无所谓的事情。

在这里，我最后告诉大家一件重要的事情。

那就是我希望大家在决定做某事的时候，不是为了"我想做"而去做，而是为了"它很重要"而去做。

在"因为我做不到，所以我想做"这种心情得以缓和之后，我们需要做的是逐渐地推进那些为了养成新的习惯而采取的行动。即使这种行动非常无聊，我也希望大家能够坚持下去。

"感情（马）"是支撑你的一系列行为的强有力的动力根源。因此当"感情（马）"载着"你（国王）"朝着理想的方向前进时，请大家充分地对其进行灵活使用吧！

但是，"感情（马）"也有"不稳定"这一缺点。因为"感情"就是我们的"心"，所以正如大家经常说的"心猿意马"那般，我们的感情也在不停地变化。当我们将"感情的变化：喜欢/讨厌"等放置于行动轴上的话，我们就会变得漫无目的、听天由命，从而也就无法完成重要的事情。

我希望大家能够在脑海中树立"感情绝非你自己"这一认知，并且在之后的生涯之中绝不忘却。

特别是在本章之中，我为大家介绍了各种各样的心理技巧，接下来我们在最后要回到最重要的事情上：我们要从"能够进行自主选择的你（意识）出发"，决定"展开某种行为"

并付诸行动。

在前文中，我已经提到过，一旦我们能够做到某事，就会产生"这件事也无关痛痒"此类的想法。但是我们要认识到这种想法只是我们的"感情"而已。因此，我们必须要做的事情是，即使从"感情"的角度看产生了"这件事也无关痛痒"的想法，但是"能够进行自主选择的你（意识）"也要从长远的眼光来对"其是否重要"进行理性的判断。如果觉得它很重要的话，即使你产生了"这件事无关痛痒"的想法，也请大家继续坚持下去。

换言之，当"抵抗养成新习惯"的这种心情得到缓和之后，我们必须要尝试检验一下自身是否真的发生了改变。这并不仅仅只适用于我为大家介绍的最后一项任务，而且也适用于本书中所介绍的其他任务，甚至也适用于大家在掌握其他书中所介绍的一切技巧之时。

在此之前，我在近20年的能力开发方面的课堂中，教给了大家一些比本书中所介绍的内容更为高级的技巧，但是我也在这种情况下发现了虽然很多人自身发生了改变，但是往往会满足于这种变化而最终回归到了原点。所谓"变化"并不是通过技术（道具）等来实现的，而是通过"你（意识）"才得以实现的。你并不是游移不定的感情，而是可以超越"喜欢/讨厌"等感情，并直接延展下去的"意识"。因为我们并不是依赖于某种技巧，而是从"能够进行主体选择的你（意识）"出发来展开行动，所以我们可以始终如一地做到底。"能够进行自主选择的你（意识）"不是技巧本身，而是能够使用这种技巧的"存在（Being）"。

　　本书并非以"技术（技巧）"为中心，而是以"你"这一种"存在（Being）"的可能性作为中心来编写的。如果大家能够意识到变化的中心是"你"自己，并且能够从自身看到"改变自我"的希望的话，我将不胜欣喜。

参考文献

・『神経言語プログラミング』 リチャード・バンドラー著、酒井一夫訳、東京図書
・『こころのウイルス』 ドナルド・ロフランド著、上浦倫人訳、英治出版
・『小さな習慣』 スティーブン・ガイズ著、田口未和訳、ダイヤモンド社

オススメの図書

本書はNLP（神経言語プログラミング）の考え方と手法をアレンジして紹介しています。そこで、本書の内容を補足するのに以下の書籍を併読することをおすすめします。

●NLPの入門書として

・『マンガでやさしくわかるNLP』 山崎啓支著、サノマリナ作画 日本能率協会マネジメントセンター

●NLPの実践書として

・『NLPの実践手法がわかる本』山崎啓支著 日本能率協会マネジメントセンター